Anni und Klaus Richter · Großvater und sein Dampfroß

Der Dampflokführer Richard Richter als Militäreisenbahner im Ersten Weltkrieg.

Anni und Klaus Richter

Großvater und sein Dampfroß

Aus dem Leben eines königlich-sächsischen Dampflokführers

transpress

Einbandgestaltung: Andreas Pflaum
Titelbild: Der königlich-sächsische Lokomotivführer
Richard Richter und seine erste Maschine.
Der Glauchauer steht auf dem Führerstand rechts.
Foto: Herbert Richter, Sammlung Klaus Richter

ISBN: 3-613-71109-5

Postfach 10 37 43,
70032 Stuttgart
Ein Unternehmen der Paul Pietsch Verlage GmbH+Co
1. Auflage 1999

Lektorat: Claus-Jürgen Jacobson
Satz: DOPPELPUNKT Auch & Grätzbach GbR, Leonberg
Druck: Maisch und Queck, 70839 Gerlingen
Bindung: Karl Dieringer, 70839 Gerlingen
Printed in Germany

Inhalt

Dieses Buch ist unserem Großvater, dem
königlich-sächsischen Lokomotivführer Richard Richter
aus Glauchau gewidmet.

Zum Geleit

Einmal am Regler einer Dampflokomotive zu stehen, war der Traum eines heranwachsenden Jungen vor über 120 Jahren. Im Jahre 1877 erblickte Richard Richter im thüringschen Gera das Licht der Welt, und obwohl die Eisenbahn damals noch eine recht junge und für viele Zeitgenossen eine eher unheimliche Angelegenheit war, zog sie den heranwachsenden Jüngling alsbald in ihren Bann. Doch es dauerte noch fast dreissig Jahre, ehe aus dem Kindertraum Wirklichkeit wurde. 1906 schließlich schlug Richard Richter die Laufbahn des Lokomotivführers ein, nachdem er zuvor als Schlosser und Handwerker im Lokomotivbau die Grundlagen dafür gelernt hatte. Sein neuer Arbeitgeber war die Königlich Sächsische Staats-Eisenbahn, und als stolzer königlich-sächsischer Lokomotivführer ließ sich Richard Richter auch auf seiner ersten eigenen Lokomotive porträtieren.

Fast dreissig Jahre fuhr er auf den verschiedensten Dampflokomotiven durch die Lande, erlebte gute und schlechte Zeiten, das Ende der Monarchie und die Ära der Deutschen Reichsbahn-Gesellschaft, ehe er 1935 in den wohlverdienten Ruhestand verabschiedet wurde. Bis in die Weite Rußlands führte ihn sein Dienst, doch seine angestammte Heimat blieben die Eisenbahnen in Sachsen. Und obwohl der Alltag häufig alles andere als traumhaft war, bewahrte sich Richard Richter über all die Jahre seine Liebe zur Eisenbahn. Mit Leib und Seele war er bei der Sache, und er sorgte durch seine Erzählungen dafür, daß sich diese Liebe zur Eisenbahn in der Familie weitervererbte.

Vieles dessen, was Richard Richter daheim seinen Kindern und seinem Enkel erzählte, ist heute längst Geschichte. Aber gerade weil seine Erlebnisse den Alltag einer längst untergegangenen Eisenbahnepoche wiedergeben, sind sie es wert, vor dem Vergessen bewahrt zu bleiben. Und so soll dieses Buch alle Leser einladen zu einer Reise in die Vergangenheit mit Großvater und seinem Dampfroß.

Aller Anfang ist schwer

An einen seiner ersten Dienste als Lokführer erinnerte sich Großvater stets besonders gut. Nicht etwa, weil er besonders spektakulär gewesen wäre. Nein, er hätte vielmehr ziemlich peinlich geraten können, wenn ihm nicht »der da oben« geholfen hätte.

»Es war eine der ersten Fahrten, die ich alleine als Lokführer beim Bw Glauchau zu fahren hatte. Wir hatten einen Personenzug nach Freiberg zu bringen. Es war eine kalte Spätherbstnacht, die ersten Nachtfröste hatte es schon gegeben. Da tat uns die Wärme auf dem Führerstand gut, da mochten wir sie, auch wenn sie uns sonst an warmen Tagen so zusetzte. Aber jetzt freute man sich auf den Tee in dem alten Metallkrug, die Stullen von zu Hause.

Wir standen gern überzeitig vor dem Zug, und so heizten wir auch an diesem Tag schon 30 Minuten vor der Abfahrt den Zug. Da wir noch genügend Zeit hatten, machten wir beide auf den Rundsitzen noch ein Nickerchen. Durchschütteln würde es uns heute noch genug. Nach dem Feuer fragte ich nicht, schließlich war das Sache des Heizers. Und ich wollte ja auch nicht gleich den Vorgesetzten rausstrecken.

Es kam, wie es kommen mußte: Wir schliefen zu lange ein, der Kesseldruck sank rasch. Mit der Heizung ging überdies viel Dampf weg. Und dann weckte uns ein derber Lokpfiff auf dem Nachbargleis und riß uns aus der »Dämmerstunde«.

Noch zehn Minuten bis zur Abfahrt, da kam es plötzlich von links:

»Herr Richter, der Druck ist weg«.

Na, das konnte ja was geben. Der Heizer schaufelte wie ein Weltmeister, ich befahl ihm:

»Heizung wegnehmen, kein Wasser nachgeben. Wir müssen mindestens noch aus dem Bahnhof hinauskommen ...«

Auf der freien Strecke würde ich schon einen außerplanmäßigen Halt erfinden können! Allerdings, was sollte bei einer Nachtfahrt, wo sich die Umwelt so still zeigte, den Lauf des Zuges schon aufhalten? Höchstens ein eigener Magenkrampf, ein Durchfall mit dem Abgang ins Gebüsch. Der Gedanke war kaum geboren, da beschloß ich auch schon, ihn notfalls zu verwirklichen. Mein Heizer würde mittun, schon, um sich selbst zu schützen.

Und dann, wie im Märchen, wendete sich alles zum Guten. Die Lok auf dem Nachbargleis, die vorhin den scharfen Pfiff abgab, sie vermeldete: »Ich komme! Ich muß auch nach Freiberg, und ich komme bei Dir vorneran.« Noch wußten wir allerdings davon nichts, und so standen wir einstweilen ratlos auf unserer Lok. Und gerade wenn man unter Zeitdruck war und jede Minute zählte, ging das Großziehen des eigenen Feuers überhaupt nicht voran.

»Wir werden Mühe haben, mit diesem Zeigerstand überhaupt 500 Meter aus dem Bahnhof hinauszukommen ...« prophezeite ich dem Heizer, und dem fiel dazu überhaupt nichts mehr ein.

Doch dann rollte die Vorspannlok an den Zug, der Heizer kuppelte sie an, die Bremsprobe wurde wiederholt, die Heizung wurde geöffnet, der Zug stand wieder mit den herrlich hellen kleinen Dampffahnen am Bahnsteig. Wie sich dies eben so gehörte...

Als ob es nur darauf gewartet hätte, besann sich nun auch unser Feuer und wurde größer, der Zeiger stieg ganz langsam wieder nach oben.

Dann das Abfahrtsignal, die Vorspannlok griff kräftig zu, der Lokführer war einer unserer »Wilden«. Seine Wildheit hatte für ihn manchen Bremsweg zu kurz gemacht, wenn auch nur um wenige Meter. Aber heute war Richard Richter über seine forsche Fahrweise auf dem Dampfroß glückselig. Das wäre eine Blamage gewesen... Die Zylinder der Vorspannlok tobten sich aus, die der Zuglok, unter Richard Richters Füßen, zogen zaghaft mit.

So kam die Fuhre glücklich nach Freiberg. Dort angekommen, ließ es sich die Besatzung des Vorspanns nicht nehmen, die Fahrt zu kommentieren, schließlich hatten sie gemerkt, daß der hintere Dampfer im »Schongang« lief.

»Ihr hattet wohl heute keine Lust?«

»O doch«, gab Richard Richter zurück, »aber ich wollte, daß Du mal richtig Zylinder putzen kannst!«

»Ach so!«, gab der Kollege zurück.

Und dann lachten sich Richard Richter und sein Heizer an. Die Situation war gemeistert, und die Vorspannlokbesatzung war nicht mal böse. Und dann fuhr die Vorspannmaschine, in Freiberg, mit großen Sätzen davon. Die Ausfahrt stand auf »Fahrt frei« und so entschwand der Helfer in der Not.

Großvater und sein Heizer haben seit diesen Tagen nie wieder gemeinsam auf der Lok geschlafen.

Einer wachte immer.

Ein überfahrenes Signal

Wohl jeder Lokomotivführer hat Angst, daß ihm auf einer seiner Fahrten einmal etwas Unvorhergesehenes passieren könnte. Großvater machte da keine Ausnahme. Eines Tages erblickte er eine Dampflokomotive, deren Treibstange gebrochen war. Zwar war die Maschine im Gleis geblieben und nicht umgekippt, aber die gebrochene Treibstange hatte sich tief ins Gleisbett gebohrt und die Maschine auf der einen Seite weit angehoben. Als Großvater dies sah, dachte er für sich: »Hoffentlich passiert mir so etwas niemals«.

Allerdings, das wußte auch er, waren Treibstangenbrüche eher selten, zumal ja die immer stärkeren Lokomotiven auch entsprechend stabilere Stangen besaßen. Aber wie das so ist: Hat man erst einmal einen solchen Unfall zu Gesicht bekommen, beschleicht einen die Angst davor doch immer wieder.

Sehr viel berechtigter war freilich die Furcht, einmal ein Halt-zeigendes Signal zu überfahren. Wie schnell konnte dies passieren, wenn das Wetter schlecht, die Sicht eingeschränkt oder die Konzentration abgelenkt war? Oder der Lokführer bremste zu spät, der Bremssand rieselte nicht durch die Rohre, weil sie die Feuchtigkeit zugesetzt hatte –

schon war das Malheur passiert, der Zug am geschlossenen Signal vorbeigefahren. Die Folgen konnten verheerend sein, daher war es kein Wunder, daß Richard Richters größte Angst war, daß auch ihm dies passieren könnte.

Man schrieb das Jahr 1926. Es war ein kalter Wintermorgen, Schnee und Eis hatten die Bahnanlagen in Glauchau fest im Griff und der Dienst auf der Maschine war bei solchen Witterungsverhältnissen alles andere als angenehm. Großvater hatte einen Zug von Glauchau hinauf nach Reichenbach im Vogtland zu fahren.

Mit einer leichten Verspätung ging es aus Glauchau hinaus auf die freie Strecke. Wie für wohl jeden Lokführer war es auch für Großvater Richard eine Frage der Ehre, möglichst jeden Zug pünktlich zu befördern, denn für ihn galt der Satz »Pünktlich wie die Eisenbahn«. Allerdings, bei diesen schwierigen Wetterbedingungen würden sein Heizer und er gut zu tun haben, um die Verspätung wieder einzuholen. Da hieß es für Großvater, die »Zylinder zu putzen«, wie er es nannte, wenn er seinem Dampfroß die Sporen gab.

In Zwickau würde sein Zug einige Minuten schinden können. Acht Minuten hatte er planmäßig Aufenthalt, aber heute würde es gleich weitergehen. Doch zunächst einmal ging es durch den Stadtrand von Glauchau. Kräftig trieb Richard Richter seinen Zug an, die Maschine machte gute Fahrt, obwohl die Gleise durch die Witterung zum Teil rutschig waren. Aber die beiden Männer auf der Maschine waren guten Mutes, der Heizer verstand sein Handwerk und sorgte für den nötigen Dampf. Auch mit der Kohle hatten sie an diesem Tag Glück, sie war von guter Qualität und sorgte für ein anständiges Feuer. Das war keineswegs selbstverständlich, oft landete auch »Blumenerde« im Tender und dann konnte der Heizer schuften, so viel er wollte – er bekam einfach nicht genügend Dampf. So hätte es also in bester Ordnung nach Zwickau gehen können, wenn nicht das erbärmliche Wetter gewesen wäre. Kaum hatte die Fuhre die Stadtgrenze von Glauchau hinter sich gelassen, setzte Schneefall ein. Naßschnee, klebrig und feucht, der sich in jeder Ritze und jeder Fuge festsetzte, der die Schienen schlüpfrig machte, und dessen dicke Flocken dem Lokführer jede Sicht auf die Strecke und die Signale nahm. Schon bald waren die Fenster der Lok zu, Richard Richter mußte wohl oder übel den Kopf zum Seitenfenster hinausstrecken, wenn er etwas sehen wollte.

Und nun schien sich alles gegen Großvater und sein Dampfroß verschworen zu haben. Schon heute früh, beim Dienstbeginn, hatte Großvater den Eindruck gehabt, daß sein Heizer nicht ganz gesund sei. Und tatsächlich, die Witterung hatte ihm eine schlimme Erkältung beschert, die ihm mehr zu schaffen machte, als beiden lieb war. Richard Richter sah mit Sorge, wie sich sein Linksaußen mit jeder Schaufel Kohle, die er ins Feuerloch warf, quälte. Aschfahl war sein Gesicht, trotz der Kälte schwitzte er, dicke Schweißtropfen standen schon nach kurzer Zeit auf seiner Stirn.

Selbst die Zigarette, sonst ein untrügliches Zeichen für sein Wohlbefinden, fehlte heute. Kein Zweifel, der arme Mann war richtig krank. So jedenfalls konnte er unmöglich für genügend Dampf sorgen.

Richard Richter wußte, wie es dem Heizer zumute sein mußte, er hatte es in seiner Lokführerzeit schon oft genug erlebt, wie es ist, wenn einer am Rande der Erschöpfung war und trotzdem den Feuerrost mit Kohlen beschicken mußte. Bei Fahrten während des Ersten Weltkrieges hatte er dies oft genug in Rußland wie auch Frankreich erfahren. Damals schippten blutjunge Soldaten bei ihm als Heizer, danach hatten sie für die schwarzen Gesellen auf der Lok auch ein ganzes Stück Hochachtung.

So näherte man sich nun mühsam dem Bahnhof Mosel. Noch einige sanfte Kurven rechts, links, ein Schrankenposten, dann war wieder gute Sicht. Großvater nahm den Dampfregler etwas zurück, verlangsamte die Fahrt, dann befahl er dem Heizer, seine Seite einzunehmen. Er griff selbst zur Schaufel. Hinter Mosel wollte er dann »große Fahrt« auf Zwickau machen, mit viel Dampf und flotter Kolbenarbeit sollte es hinein in die Kreisstadt gehen. Damit er dafür auch genügend Dampf hatte, mußte das Feuer gefüttert werden.

Doch die Kohle war mittlerweile durch den Schnee naß geworden und festgefroren. Großvater mußte jede Ladung, die er ins Feuerloch warf, mit festen Stößen der Schaufel loshacken und so brauchte er viel mehr Zeit dafür, als er gedacht hatte. Für die Beobachtung der Strecke hatte er kein

Auge – und dann, plötzlich, erkannte er bei einem kurzen Blick aus dem Fenster, daß sie mit ihrem Zug am Einfahrtsignal Mosel vorbei waren. Großvater kannte an der Strecke jeden Busch, und daher merkte er sofort, daß das Signal bereits gut fünfzig Meter hinter ihnen lag. Aber was hatte es angezeigt? Ein Blick zurück half auch nicht weiter, das Wetter verhinderte die Sicht. Bremsen, Bremsen, schoß es ihm durch den Kopf, dann kreischte es und der Zug stand. Es war nichts passiert, aber die Lage war gefährlich. War das Signal geschlossen gewesen, dann war er mit seinem Zug über ein Haltsignal gefahren, war es offen, dann stand er jetzt mit seinem Zug ohne Grund mitten auf der Strecke.

Großvater stieg von der Lok und lief zurück. Der Flügel lag waagerecht. Halt! Das Signal war geschlossen, die Einfahrt nach Mosel gesperrt und er war mit seinem Zug über das Haltsignal gefahren. Freilich, vom Rotlicht war nichts zu sehen, der Schnee hatte die Laterne vollkommen zugesetzt, wohl deshalb hatte sein Heizer nichts erkennen können.

Was nun? Großvater entschied sich, den Zug etwas zurückzusetzen, leise, behutsam – und natürlich strengstens verboten. Es gelang. Mit etwas Sand, ohne Schleudern, ohne großen Lärm.

Dann sah er, daß die Signaldrähte sich bewegten. Der nasse Schnee fiel von den Seilzügen und mühsam bewegte sich der Signalflügel in die Höhe. Hätte er jetzt Zeit, hätte er unten am Signalmast etwas Öl auf die Mechanik gegeben – doch nein, daran dachte er jetzt nicht.

Sie hatten noch einmal Glück gehabt, es war nichts geschehen. Die Fahrt ging weiter, aber beiden war nicht recht wohl ums Herz. Hoffentlich hatte niemand ihr Malheur mitbekommen. Ein Signal zu überfahren hatte immer harte Konsequenzen zur Folge. Dann hieß es meist: Herunter von der Lok, ab in die Werkstatt.

Doch das Glück war mit den Tüchtigen. Hinter Mosel kam der Güterzug nun wieder gut in Fahrt. Und der ungewollte Halt hatte dafür gesorgt, daß die von Großvater so mühsam in das Feuerloch geschaufelte Kohle gut durchgebrannt war und für tüchtig Dampf sorgte. Auch der kranke Heizer hatte sich etwas erholen können und griff nun wieder selbst zur Schaufel. Großvater stellte sich wieder selbst an den Regler.

So lange er im Dienst war, hat Großvater nie jemandem von dieser Sache erzählt. Doch bis zum Ende seiner Lokführerzeit vergaß er das Erlebnis nicht wieder. Immer wieder erinnerte er sich an das überfahrene Signal von Mosel – es ist ihm nie wieder passiert, daß er ein Signal übersehen hat.

Todesangst

Die Zeit als Reservelokführer lag schon einige Zeit zurück, Großvater war mittlerweile fest in den regulären Dienstplan eingebunden. Und damit auch ja nichts schiefging, hatte er es sich angewöhnt, mit zwei Weckern zu Bett zu gehen, denn er hatte die Gabe, ganz besonders tief schlafen zu können. Mitunter nutzten noch nicht einmal seine beiden Wecker, dann mußte die Großmutter zu Hilfe kommen und ihn unsanft aus den Träumen rütteln.

Doch dann bildete sich in Opas Genick ein Furunkel, wurde schnell immer größer und war schließlich so groß und schmerzhaft, daß er seinen Kopf kaum noch drehen konnte. Jetzt war es nicht nur mit der gesegneten Nachtruhe vorbei, auch der Dienst fiel ihm nun besonders schwer, denn gerade auf der Lok mußte er ja ständig vor- und zurückschauen. Er wußte gar nicht so recht, wo er die Eiterbeule her hatte, aber wahrscheinlich hatte er sie sich auf der Maschine geholt. Man kratzte sich ja öfter mal hier und da und Lokführerhände waren nie ganz sauber, schon gar nicht auf der Lokomotive. Der Arzt hatte ihn jedenfalls eindringlich gewarnt, das Gewächs ja nicht auf die leichte Schulter zu nehmen und er hatte ihm auch empfohlen, sich krank zu melden. Aber damit war er bei Großvater an den

Richtigen geraten: Krankmelden? Gerade jetzt? Nein, niemals.

Und nun mußte er zum Dienst und spürte, daß sein Genick immer steifer wurde. Den Kopf allein konnte er nicht mehr drehen, er mußte den ganzen Oberkörper bewegen, wenn er überhaupt nach hinten sehen wollte. Zu allem Unglück hatte er auch noch eine zünftige Erkältung, als er sich mit einem dicken Schal um den Hals zum Bahnhof bewegte. Das konnte ja ein Dienst werden? Hoffentlich war heute der beste Heizer sein Partner!

Er war schon fast am Bahnhof Glauchau, noch den kleinen Berg hinab, ein paar hundert Meter, dann über die Gleise. Da begann es leise zu schneien. Es war einstweilen nur ein erster kleiner Schneeschauer und im Flachland war es nur eine Portion Naßschnee. Na, das hatte ihm gerade noch gefehlt.

Richard Richter durchschritt die Glauchauer Bahnhofshalle, es war nun schon die neue. Im Jahr 1913 hatte man mit dem Neubau des zweiten Glauchauer Bahnhofs begonnen. Aber bedingt durch den Ersten Weltkrieg und den »Männermangel«, die waren ja an den Fronten, gingen die Arbeiten erst 1923 weiter. Und im April 1926, Richard Richter zählte da 49 Lebensjahre, wurde der neue Bahnhof eröffnet, immerhin in mehr als 244 m Höhenlage, folgt man alten Stadtdokumenten. Und im Stadtkurier der heutigen Großen Kreisstadt Glauchau kann man in der Ausgabe 45 des Jahres 1998 nachlesen, daß die Umgestaltung des Bahnhofs

Glauchau damals ca. 7 Millionen Reichsmark erforderlich machte. Immerhin 30 Arbeitslose fanden seinerzeit Arbeit, als das alte Empfangsgebäude ab dem 12. Juli 1926 abgerissen wurde.

Todesangst. Davon wollte ich berichten. Großvater lief vom Bahnhof in sein Bahnbetriebswerk, meldete sich zum Dienst, nahm dann seine Lok und fuhr in Richtung Bahnsteig an seinen Personenzug nach Zwickau. Mochte es an seiner eingeschränkten Bewegungsfreiheit liegen oder hatte ihm der Naßschnee die Sicht genommen – kurz und gut, anstatt langsam und sachte an den Zug heranzufahren, tat es einen gehörigen Rums, als er seine Maschine an die Wagen setzte.

Die Folgen waren beträchtlich: Der Zugführer stürzte beim Aufprall vom Hochsitz des Packwagens und mußte sich krank melden. Ein anderer Zugführer mußte einspringen und dadurch eine Doppelschicht fahren. Und Großvater? Großvater wurde für drei Tage zum Werkstattdienst abkommandiert und mußte solange den Führerstand räumen. Jetzt wäre die »furunkelbedingte« Krankmeldung doch ganz nützlich gewesen. Aber ein Besuch beim Arzt am nächsten Tag hatte das genaue Gegenteil zur Folge. Der Doktor erklärte das Ungetüm für »schlachtreif« und schritt auch gleich zur Tat – Großvater war also wieder voll einsatzfähig und so blieb ihm nichts anderes übrig, als seinen Werkstattdienst abzuleisten.

In der Werkstatt »durfte« unser Großvater nun Loks entschlacken, die überhaupt scheußlichste Arbeit, die eine

Dampflok dem Eisenbahner bieten kann, denn es ist eine anstrengende und schmutzige Arbeit. Hinzu kommt, daß die Schlacke enorm stinkt. Öffnet man die Raucherkammertür, hat man den Gestank schon stechend in der Nase. Und der ganze stinkende Dreck muß nun von Hand mit der Schaufel ins Freie befördert werden, nur das Ablöschen mit Wasser mindert die Belästigung ein wenig.

Richard Richter also mußte entschlacken. Er kletterte von vorn auf die Lok und schlug die Verriegelungshebel der Rauchkammertür mit einem Althammer auf. Man sah ihm an, daß er nicht gerade vor Vorfreude auf die bevorstehende Arbeit jubelte. Dann öffnete er die Rauchkammertür. Es ging leicht, irgend jemand hatte sogar die Scharniere und die Verriegelungshebel etwas abgeschmiert. Mißmutig tat er seine Arbeit und erinnerte sich dabei an seine Lehrjahre bei der Eisenbahn. Wenn er damals Loks entschlackt und ausgewaschen hatte, hatte er manches Mal daran gezweifelt, den richtigen Beruf gewählt zu haben. Und viel später hatte er einmal zu Vater und mir gesagt:

»Ich konnte nie so gut mit den Zähnen knirschen wie bei dieser Arbeit!«

Da war er allerdings schon so weit, daß er darüber schmunzeln konnte.

Wenigstens war die Plackerei absehbar, drei Tage waren schließlich keine lange Zeit. Mit diesem Bewußtsein trat Großvater seine zweite Schicht als Entschlacker an. Wieder schlug er die Verriegelungen zurück, wieder öffnete er die Rauchkammer. O je, wie sah es da drin aus? Eine mächtige Schlackeschicht zierte die Rauchkammer. Großvater stellte die Schaufel erst einmal zur Seite. Dann stieg er vollends in die Rauchkammer, um zu prüfen, wie dick die Schicht war. Kaum war er drin, da tat es einen Schlag, es wurde dunkel. Die Rauchkammertür war zugeschlagen. Großvater wollte sie wieder aufstoßen, doch es ging nicht! Durch den Schlag mußte einer der Riegel zurückgefallen sein und verschloß nun die Rauchkammer.

Jetzt bekam er es wirklich mit der Angst zu tun. Zuerst dachte er noch, das sei vielleicht das Werk eines Scherzboldes gewesen, und die Tür würde sich gleich wieder öffnen. Aber nichts geschah und nun fiel Großvater auch wieder ein, wie leicht die Türe aufgegangen war. Womöglich hatte eine Windbö die Türe zugestoßen.

Mein Gott, hier ging es um Leben oder Tod! Zwar wußte er, daß die Lok gänzlich kalt gemacht werden sollte, weil in der Feuerbüchse mehrere Rohre sehr näßten. Doch noch war sie nicht ganz kalt, und schon die letzte kleine Rauchfahne konnte den eingesperrten Eisenbahner zum Ersticken bringen. Schon hustete er unentwegt.

Voller Angst und Not griff er zum Taschentuch, um es als Atemfilter vor Mund und Nase zu legen – da spürte er den Hammer mit dem abgebrochenen Stiel in der Jackentasche.

Der Hammer! Die Rettung? Klopfzeichen! Das könnte die Rettung sein, schoß es Richard Richter durch den Kopf.

Und nun schlug er wie wild von innen gegen die geschlossene Rauchkammertür.

Richard Richter hatte sich nicht verschätzt. Ein Berufskollege hörte sein »Trommelfeuer«. Er öffnete die Tür, aus der ihm ein völlig verzweifelter, rabenschwarzer Eisenbahner entgegen taumelte.

»Mensch, Herr Richter...«

Nie hat sich Großvater über den Anblick des Tageslichtes mehr gefreut als an jenem Tag. Völlig verstört taumelte er aus dem Schuppen, gerettet aus höchster Not. Und dann liefen die Tränen, aber es waren Freudentränen.

»Was war ich froh, als die drei Tage vorbei waren. Mein Genick heilte gut. Da hatte ich den Krieg in Rußland und Frankreich überstanden ... und nun hier ... im eigenen Bahnbetriebswerk diese Todesfalle.«

Großvater hat dieses Erlebnis niemals vergessen und er hat uns immer wieder davon erzählt. Viele schöne Jahre als Lokführer waren ihm danach noch vergönnt. Aber besonders gefreut hat ihn, daß auch der Zugführer, den er damals vom Hochsitz geschubst hatte, wieder gesund geworden ist.

Die Drehscheibe

Es gab manche Situationen, die dem Lokomotivführer Richard Richter zumindest in jungen Jahren durchaus Respekt einzuflößen vermochten. Ein heute schon bald vergessenes Relikt der Dampflokzeit gehörte ganz gewiß dazu – die Drehscheibe. Fast unweigerlich wurde ein junger Dampflokführer mit diesem Instrument konfrontiert, dienten die Scheiben doch nicht nur dem Drehen der großen Schlepptenderlokomotiven, sondern stellten oft auch die Zufahrt zu den Schuppengleisen in den größeren Betriebswerken her.

Sicher, war man nur mit einer kleinen Tenderlok unterwegs wie etwa der XIV HT (spätere BR 75^{5} oder der XI HT (spätere $94^{19\text{-}21}$), dann mochte das angehen, denn dann blieben vor und hinter der Maschine noch ein paar Meter Platz auf der Bühne. Aber mit dem »Rollwagen« oder später den großen Einheitsloks war das Befahren einer Drehscheibe echte Maßarbeit. Und war man dann glücklich mit allen Rädern auf der Bühne, dann galt es die Lok gut zu bremsen und nicht eher wieder loszufahren, als es der Drehscheibenwärter erlaubte. Doch trotz aller Vorsichtsmaßnahmen blieb es natürlich nicht aus, daß eine Lok doch einmal in die Grube purzelte oder beim Auf- oder Abfahren an der Drehscheibe entgleiste.

Aber dann war was los im Bw, dann gab es häufig Ärger. Großvater hat es deshalb seinem Heizer nie gestattet, mit langen Loks auf die Scheibe zu fahren, denn er wußte, wenn erst einmal eine Lok entgleist und die Drehscheibe nicht mehr bedienbar war, dann geriet der Fahrbetrieb schnell völlig aus den Fugen. Dann blieb vielen Loks die Ausfahrt aus den jeweiligen Lokschuppen verwehrt, dann warteten Züge vergeblich auf die Bespannung, und wenn das dann Reise- oder gar Schnellzüge waren – o je, dann waren der Ärger und die Verspätung sehr groß. Und Richard Richter wußte auch, daß eine Ersatzlok, wenn es sie dann überhaupt gab, den Fahrplan oft nicht einhalten konnte, weil zum Beispiel dann anstelle der Schnellzugdampflok eine Güterzugmaschine vorgespannt werden mußte.

Hin und wieder wurde er schon mal Augenzeuge und sah, wie eine Lok die Drehscheibe verfehlte und in die Grube stürzte. Jedenfalls war ein Unfall an der Drehscheibe etwas, was sich kein Lokführer wünschen konnte. Der Ärger war vorprogrammiert, weil eben der ganze Betrieb darunter zu leiden hatte. Schließlich dauerte es oft auch sehr lange, bis die Hilfszugbesatzungen die viele Tonnen schweren Maschinen wieder auf die Gleise gesetzt und die Schäden behoben hatten.

Richard Richter hatte nie geglaubt, daß auch ihm dieses Mißgeschick einmal passieren könnte – bis zu jener Winternacht im großen Getriebe des Zwickauer Bahnbetriebswerkes.

Bitterkalt war es und Großvater hatte einen Güterzug von Glauchau nach Zwickau gebracht. Der Schnee knirschte nur so unter den Füßen, ohne Ohrenschützer konnte man kaum ins Freie gehen, die Pauluskirche der Stadt Zwickau schlug jede Stunde. Und wenn Ruhe über der Industriestadt lag, war der Glockenschlag auch weithin zu hören. Stand der Wind anders, dann hörte man jene Schläge von der nahen Lutherkirche. Es war immer irgendwie reizvoll, inmitten der Gleise den Schlag von Kirchenglocken zu hören.

Der Güterzug war in Zwickau auf der Güterzugseite eingerollt. Der Rangiermeister ließ nicht lange auf sich warten, um ihn herum waren vermummte Gestalten zu sehen, die Rangierer und Helfer. Sie würden am Zug die Kupplungen lang machen und den Ablaufbetrieb, das Auseinanderrangieren, vornehmen.

Bis zum Reisezug in Richtung Glauchau–Chemnitz war noch Zeit, also schnell mal zur Lokleitung geschaut, einen starken Tee aufgewärmt, ein Stück Brot von zu Hause dazu gegessen. So hatten sich der Großvater und sein Heizer das gedacht – aber es sollte anders kommen.

Sie stellten die Lok auf einem Drehscheibengleis nahe der Lokleitung ab. Der Heizer wollte noch ein kurzes Ruhefeuer schaffen, die Ventile sollten keinen Überdruck in die Nacht blasen, das Wasser mußte den richtigen Stand haben. Großvater Richard stapfte also allein davon, die Nebenräume der Lokleitung waren doch vor den Eiswinden, die immer über die Gleisanlagen des Zwickauer Hauptbahnhofs strichen, geschützter. Und er wollte auch mal in die Werkstatt schauen, zwei Tenderbremsklötze waren schon sehr dünn, irgendwann mußten sie gewechselt werden. Das war keine große Arbeit, und bei Frost konnte man sich auch unter freiem Frosthimmel ganz schön aufwärmen.

Der Heizer blieb also auf der Lok zurück und machte wie gewohnt seine Handgriffe. Die Schaufel warf, nur zweimal bestückt, etwas Kohle in eine Ecke der Feuerbüchse. Das Wasser rauschte vom Tender in den Lokkessel. Hier und da hatten sich an der Lok unten Eiszapfen gebildet, auch das eigentlich tropfende Öl war durch die Kälte zäh und die Gleitbahn des Kreuzkopfes zeigte auch nicht den üblichen Ölfilm.

Während also der Heizer seinen Geschäften nachging, stapfte Großvater durch die Winternacht zur Lokleitung. Er hatte das Gebäude nahe der Drehscheiben im Bahnhof Zwickau fast erreicht, nur ein Gleis galt es zu überqueren und da geschah es dann. Anstatt zwischen die Schienen zu treten, betrat Großvater mit seinen derben Schuhen die tückisch glänzenden Schienenköpfe. Waren sie nun vereist oder von darübergefahrenen Maschinen feucht oder ölig – egal, in Bruchteilen von Sekunden schlug es ihm die Beine weg und er stürzte mit dem Beckenknochen genau auf eine der Schienen. Ein Schmerzensschrei hallte durch die Luft, und als der Heizer und einige andere im Betriebswerk Beschäftigten nach dessen Ursache sahen, fanden sie den Lokführer stöhnend im Gleis liegen. Der Heizer eilte von der

Lok, indem er vom Führerstand in einen Schneehaufen sprang und zur Unglücksstelle lief.

Das hätte er allerdings besser nicht tun sollen. Denn während er sich um seinen verletzten Lokführer kümmerte, näherte sich der nun völlig verwaisten Maschine eine zweite Lokomotive. Dann tat es einen laut hörbaren Schlag, die zweite Maschine war auf die erste aufgefahren. Nun wäre das an sich nicht weiter schlimm gewesen, schließlich haben Lokomotiven für solche Zwecke ihre Puffer und so wäre wohl weiter nichts passiert – wenn der Heizer und zuvor schon der Meister selbst die Handbremse angezogen hätten. Sie hatten aber nicht, und so nahm das Unheil seinen Lauf. Durch den Aufprall bekam die Lok einen »Schubs« und rollte auf die Scheibe zu. Sie rollte zwar nur einige Meter, aber es reichte dazu, daß die erste Achse in die Grube der Drehscheibe hineinrutschte.

Und in den Schuppen warteten abfahrtbereit zahlreiche andere Lokomotiven. Es dauerte nicht lang und in die Szenerie kam Leben. Werkstattpersonal rückte an, Techniker und natürlich die »Hohen Tiere«. Bei all dem Trubel schien der verunglückte Großvater glatt vergessen worden zu sein, aber es schien nur so, denn wenigstens er hatte Glück im Unglück: außer einigen Prellungen war ihm bei dem Sturz nichts passiert. Und so konnte er die Bergung seiner Maschine mitverfolgen. Mit allerlei Werkzeug und Gerät machte sich das Personal an der Maschine zu schaffen, die Spezialisten hoben die entgleiste Vorderachse an und unterlegten sie mit Hölzern und Schienenstücken. Schließlich kuppelte man die noch im Gleis stehende zweite Lok an die Unfallmaschine an, und als die Vorderachse schließlich hoch genug gehoben war, zog die hintere Maschine die Unglückslok wieder auf die Gleise zurück.

Für Großvater und seinen Heizer war damit die Sache freilich noch nicht zu Ende. Während der stundenlangen Bergungsaktion war der Betrieb tüchtig durcheinandergeraten. Lokomotiven mußten umdirigiert werden, Reisezüge benötigten eine Ersatzlok, manche Güterzüge fielen gar ganz aus – das mußte ein Nachspiel haben.

Und so hieß es für Richard Richter und seinen Kompagnon: Keine Fahrten auf freier Strecke. Großvater ging mit seinem Heizer für einige Wochen in Glauchau auf den »Rangierbuckel«, und da war höchstens einmal eine Zubringerfahrt zu den Gleisanschlüssen ringsherum drin. Und es bedeutete auch, die Steuerung sehr oft auf Vor- und Rückwärtsfahrt zu drehen. Da brummte dann am Schichtende auch mal der rechte Arm, der linke, der Reglerarm ja sowieso.

So richtig eingesehen hat Richard Richter und sein Heizer die Strafe nie. Aber wahrscheinlich war das insgeheim die Strafe für die Fahrt durch das geschlossene Signal, die nie herausgekommen war.

Gegendampf

Gegendampf. Die Lokomotivpersonale kennen den Begriff. Dahinter stehen oft dramatische Situationen, beispielsweise, wenn die Bremswege aus irgendeinem Grund zu kurz werden und der Lokführer durch Sanden und Gegendampf großes Unheil abwenden will. Als Kind hatte ich beobachtet, wie Gegendampf von den Dampflokführern auch zur raschen Fahrtrichtungsänderung verwendet wurde. Sie fuhren aus der Weiche, bekamen die Zustimmung zur Rückfahrt vom Stellwerkswärter und schon schoß die Lok in die Gegenrichtung. Oft wollte man so Zeitschinden, etwa bei knappen Rangierfahrten an einen Zug, der bald abfahren mußte. Ich habe es als Bub gern gesehen und den Lokführer ob des raschen Fahrtrichtungswechsels sehr bewundert.

Aber es gab auch auf der freien Strecke mitunter Situationen, die plötzlichen Gegendampf nötig machten. Richard Richter hat das auf den Schienensträngen oft erlebt. Von einem dieser Momente erzählte er uns einmal.

»Es war auf einer Fahrt ins Vogtland hinauf, Richtung Reichenbach. Der Frühling hatte sich schön und duftend über die Landschaft gelegt. Uns war das stets viel lieber als Herbstnebel, starker Regen, Schneefall oder auch Eis. Eis konnte selbst die schwersten Loks ausheben und zum Entgleisen bringen. In den ungesäuberten Spurrillen der Bahnübergänge ist mir das auch einmal fast passiert. Aber der Frühling mit seiner Baumblüte, das war für Lokomotivpersonale immer wieder ein Augenschmaus und auch die Nase hatte von den schönen Gerüchen wie dem Duft von Flieder, Jasmin oder blühenden Lindenbäumen etwas. Und für diese Schönheiten hatten alle Lokpersonale ein Auge, hatten sie doch alle auch Gärten. Die Vorfreude auf eine reichliche Kirsch-, Beeren-, Pflaumen- oder Apfelernte war Jahr für Jahr gegeben, und man erhoffte sich zur Knospenzeit keine argen Nachtfröste, die so alles verderben konnten.

Der Frühling, was war er für ein herrlicher Gegensatz zum Winter? Wenn unendlich viele Bäume zur Blüte ansetzten, dann der Raps alles mit einem kräftigen Gelb überzog. Das waren Jahr für Jahr herrliche Fahrten zwischen Hof und Dresden, Zwickau und Leipzig. Dörfliche Fachwerkhäuser, städtische Wohn- und Industriezeilen, sie wurden durch die erwachende Vegetation enorm verschönt.

An einem solchen Tag dampften wir also hinauf ins Vogtland. Die Sonne lachte, der Zug machte gut Fahrt, und da die Fuhre nicht allzu schwer war, hatten wir genügend Gelegenheit, vom Führerstand aus die schöne Landschaft zu genießen. Wir näherten uns einem Bahnübergang, und ich sah, wie ein Heuwagen mit zwei Pferden gerade darüberrumpelte. Nun, wir waren noch weit genug weg und auch nicht allzu schnell, es würde für das Gespann »dicke« reichen – dachte ich, und ich dachte falsch. Denn just, als ich die Fuhre erblickte, kippte der Wagen zur Seite, direkt auf die Gleise. Da half kein Zaudern: Bremsen, die Steuerung rasch auf Rückwärtsfahrt gedreht und dann gleichzeitig Sanden und vollen Dampf in die Zylinder geben. Gegendampf! Das war das Einzige, was ich tun konnte.

Unterdessen kam mir schon der Schrankenwärter entgegen gerannt, auch sah ich, daß oben auf dem Heu einige Leute mitfuhren, die nun gerade von der Ladung heruntersprangen und sich vor dem herannahenden Zug in Sicherheit brachten. Es kreischte und quietschte, der Zug schob von hinten, während unsere Lok rüttelte und sich gegen den Druck stemmte. Immer näher kam der Übergang, noch fünfzig Meter, vierzig, dreißig – es reichte knapp. Wenige Meter vor der Unfallstelle blieb unser Zug stehen. Glück gehabt, das hätte auch anders ausgehen können. Wir stiegen von der Lok und besahen uns das Malheur. Dem Heuwagen war ein Rad gebrochen, vermutlich hatte es schon einen leichten Schlag gehabt, und der holprige Überweg hatte ihm dann den Rest gegeben. Wir griffen behende zu und mit vereinten Kräften hatten wir das Hindernis bald aus den Gleisen geräumt.

Und dann, als ich mich gerade einmal aufrichtete, stand die Bäuerin vor mir. Ich sah ihr direkt in die Augen. Diese Augen – tiefbraun sahen sie mich an, ich meinte, ein Blitzen zu erkennen. War es Dankbarkeit, oder war es etwas anderes? Es war ein Augen-Blick, den ich nicht mehr vergaß. Ich gestehe es gerne, daß mich ihr Anblick nicht gleichgültig ließ. Wie sie so dastand in ihrer großen weiten Bluse, die viel ahnen ließ. Das lange Beinkleid, das Kopftuch, der lange Haarschopf, die tiefbraunen Augen, der Schweiß im Gesicht, die schönen Lippen. Es war eine stumme, schöne Einladung oder eben nur eine Dankesgeste. Nun, der Dank ließ nicht lange auf sich warten, einen halben Krug Tee erhielten wir, den wir in unsere schon leeren Aluminiumkrüge umfüllten und dazu dick belegte gute Wurstbrote. «

Natürlich mußte Großvater über diese Fahrtunterbrechung später einen Bericht schreiben. Er bat darin ausdrücklich darum, die Beteiligten für diese Verkehrsgefährdung nicht zu bestrafen. Ob er dies tat, weil er dem Charme der Bäuerin erlegen war? Immerhin führte er zu Recht an, daß schließlich niemand etwas dafür könne, daß auf einem keineswegs ebenen Bahnübergang ein Heuwagen einen Radbruch erlitt. Und schließlich wurde von den Feldern ja das Essen für alle geholt.

Aber dennoch, jene Bäuerin hatte Großvater seinerzeit sehr beeindruckt. Noch Jahre später schwärmte er von ihr.

»Ich habe immer wieder mit den Augen die Felder nach ihr abgesucht, aber ich sah sie nie wieder.«

Und dann, nach einer kurzen Pause:

»Es sollte sicher so sein. Ich hatte ja eine hübsche Frau, zwei Buben und eine Tochter zu Hause. Ich mußte zufrieden sein, daß ich mit der Lok nicht den hochgeladenen Heuwagen niederwalzte. Diese Frau eventuell dann getötet zu haben, das wäre auch für mich, der in Rußland und Frankreich viel Elend und Sterben sah, zu viel gewesen.«

Aber immer, wenn er den Schrankenposten befuhr und ihn die Wartenden erkannten, winkten sie ihm und seinem Heizer lange nach. Ein Dankeschön - nur mit den Händen gegeben.

Und auch die Lokomotive trug von diesem Ereignis ein bleibendes Andenken davon. Der Gegendampf war nicht ohne Folgen für die Lokradsätze geblieben. Die letzten Meter nämlich war die Lok mit feststehenden Rädern geschlittert. Dabei hatte sie sich kräftige Flachstellen geholt. Nun holperte sie und bei langsamer Fahrt hörte man es besonders. Vor der Rückfahrt schliffen Großvater und sein Heizer daher einige Bremsklötze bewußt ab, damit die Räder wieder etwas gerundet wurden. Doch ehrlich, wie Großvater nun einmal war, meldete er den Mangel, als er nach der Rückkehr die Lok übergab. Er erläuterte dabei, warum er nicht anders handeln konnte, und das die Flachstellen wohl das kleinere Übel seien, schließlich hätte eine Kollision mit dem Fuhrwerk sehr viel mehr Schaden verursacht. Dennoch, die Flachstellen waren da, und damit konnte die Lok nun nicht weiter fahren. Was half es, die Maschine mußte »auf die Böcke« und erhielt neue Radsätze – der Bäuerin sei Dank...

Den Zug verloren ...

Hätte man das, was Großvater vor über siebzig Jahren im Zwickauer Raum passierte, damals schon filmen können, man hätte gute Chancen, im Fernsehen unter »Pleiten, Pech und Pannen« mit besonderem Gelächter geehrt zu werden.

Doch lassen wir Richard Richter selbst erzählen:

»Eigentlich konnte ich damals gar nichts dafür, aber gesamtverantwortlich ist und bleibt eben der Lokomotivführer ... Wir standen auf den Gleisen des Zwickauer Bahnhofs. Es war keine Last in Richtung Chemnitz vorhanden, was sehr selten vorkam. Also ging ich zur Lokleitung, um zu fragen, ob wir nicht vorzeitig dem Dienstende in Glauchau entgegenfahren könnten? 'Nein', wurde mir gesagt. 'Schiebe erst mal den Güterzug mit ins Vogtland hinauf, er hat Überlast!'

Na gut, das paßte noch in den Rahmen dieser Schicht, wenngleich es in die entgegengesetzte Richtung ging. Wir würden bis zum Bahnhof Lichtentanne verhalten schieben, dann, ab dem Bogendreieck, die volle Kraft auf den Zug abgeben.

Der Lokführer der Zuglok hatte die Verantwortung für die Signale, als Schiebelokbesatzung hatte man es immer schöner. Nur Dampf mußte sein. Aber das ging immer ganz gut, ich als Lokführer öffnete und schloß mit der linken Hand immer die Feuertür. Zuviel Kaltluft war nämlich für das Feuer nicht gut, und wenn der Heizer kräftig längere Zeit seine Schaufel in die Kohle gestoßen hatte, kam ohnehin genügend kalte Luft in die Feuerbüchse. Dann ging es Tür auf, Kohle rein, Tür zu, und immer so fort, daneben mußten wir die Strecke trotzdem wachsam beobachten. Man mußte die Drehung des Heizers mit seiner Last oft ahnen, aber je länger man fuhr, um so besser ging das alles. Nur wenn die Kohle nicht gut vom Tender auf die Schaufel kam, konnte man sich verschätzen. In solchen Fällen schloß ich auch mal den Regler, ließ den Zug 30, 40, 50 Meter dahinrollen. Und wenn dann die Feuertür wieder dicht anlag, dann gab die Dampflok wieder ihre Klänge ab, jene Geräusche, die wir noch immer so lieben.

Also, wir hatten von der Lokleitung den Auftrag erhalten, den Güterzug als Schiebe zu bespannen, und nun ging ich mit meinem Hammer nochmal die Sandrohre abklopfen. Dann ging es an den Zug. Über die Weiche, dann das Warten auf die Zustimmung der Handweichenwärter, und schließlich flott auf das Zugende zugefahren. Es nieselte, die Schulterpartien der Jacke wurden naß, und obwohl diese Partien etwas ölig waren, drang die Feuchtigkeit bald bis auf die Haut.

Bis zur Abfahrt war noch etwas Zeit. Auch der Heizer nahm seine Ölkanne, bediente flink hier und da alle Teile, die vom Öl lebten. Klappe auf, Klappe zu. Den Überschuß vom Öl verrieb er. Dann ein prüfender Blick auf das Manometer: alles in Ordnung, der Kesseldruck war normal.

Jetzt hieß es warten auf die Abfahrt. Es war bei Güterzügen immer schwer einzuschätzen, ob die Fahrt genau nach Plan oder auch mal zehn Minuten früher begann. Zehn Minuten zu früh, das hieß, daß das Feuer hätte noch etwas mehr Dampf schaffen können. Ging es zur Planzeit auf die Minute los, dann sprachen die Überdruckventile schon mal donnernd an. Und das konnte ich nie so recht leiden. Am liebsten war es mir, wenn sie nur einmal pro Schicht ansprachen, nämlich dann, wenn wir sie, wie es die Dienstvorschrift verlangte, auf ihre Funktionstüchtigkeit überprüften.

Während wir uns das Abölen und das Überprüfen der Sandrohre teilten, war wohl die Bremsprobe gelaufen, aber wir beide hatten den Vorgang nicht so recht bemerkt. Wir wußten, daß der Zug etwa 200 Tonnen mehr am Zughaken hatte, aber das waren für jede Lok nur je 100 Tonnen mehr, und da der Sand gut lief, hatte ich auf der Schiebelok keine Einwände.

Leider, denn nur so konnte das Schicksal unbarmherzig seinen Lauf nehmen. Was nämlich der Heizer vergessen hatte, merkten anschließend weder ich, der Schiebelokführer, noch der vorbeischlürfende Rangierhelfer: Der Heizer hatte die Lok gar nicht an den Zug gehängt! Hätten wir eine anständige Bremsprobe gemacht, hätten wir das merken müssen, denn natürlich waren auch die Bremsleitungen nicht verbunden.

So jedoch setzten wir uns auf die kleinen runden Sitze, jeder mit einem Kanten Brot und einer Tasse voll Tee beschäftigt. Von der nahen Kirche kamen wieder Glockenschläge. Lange konnte es nun nicht mehr dauern. Ich schaute in die Feuerbüchse, auf den Wasserstandanzeiger, alles war gut. Oder doch nicht? Lieber doch noch drei Schaufeln in die Feuerbüchse? Konnte bergauf nicht schaden, man hatte ja einige Tonnen mehr zu befördern! Ich schippte die Kohle rein, der Heizer verschlang den letzten Bissen. Schön polterte die Kohle vom Tender herab und füllte das Blech, wo dann die Schaufel schwungvoll einstach. Dann die Feuertür etwas geöffnet, hinein mit dem schwarzen Gold, und gleich wieder zu. Bald würde der Zug nun ruckeln, die Schiebe am Zughaken mitnehmen, bis auch ihre Zylinder zischend mitarbeiten würden. Gleich gut mitfahren, das ersparte dem Zugverband die Zuckungen, die die Kupplungen sehr beanspruchten.

Die Abfahrtszeit kam, der Zeiger ruckte weiter, jetzt war sie schon überschritten – nichts tat sich. Ich zog meine Taschenuhr aus der Westentasche, die ich unter der Lok-Alltagsjacke trug. Dann blickte ich hinaus und verglich die Zeigerstellung mit der einer nahen Bahnhofsuhr.

Doch was war denn das? Da rollte der Güterzug doch schon in 50 bis 70 m Entfernung vor uns her. 'Verflixt, Du hast die Lok nicht angehängt!'

Da schob der Heizer seine Mütze hoch. Ja, er war schuld. Nun schimpfte er mit sich selbst. Ich aber riß den Regler weit auf, nichts wie hinterher. Noch 60, 50, 40 Meter, dann waren wir fast dran. Aber Vorsicht, man konnte sich sehr verschätzen. Es war keine große Strecke und zum Glück auch weit und breit kein Stellwerk. Die Wärter mit ihren Argusaugen hätten jetzt gerade noch gefehlt. Sie hätten den Zug gestellt, die Schiebelok neu ansetzen lassen, die Bremsprobe wiederholt. Das hätte aber viele Minuten gekostet, vom Gelächter und der Blamage wie auch den bürokratischen Folgen ganz zu schweigen.

Aber jetzt rollten wir erst mal ungehindert mit. Die Zuglok hatte den Zug gut weggenommen. Die Ausfahrgleise lagen günstig, fast eben. Dann gab es aber schon den kleinen Stich zum Bahnhof Lichtentanne hinüber. Da mußten die Loks schon kräftiger Dampf geben. Prompt verloren wir den Anschluß. Ich pflegte das Dampflokgeräusch immer zu imitieren: 'Schiebebissel ... schiebebissel'. Nun kamen die zwei roten Laternen des Güterzuges, schon angezündet, wieder näher. Die Schiebelok lief ihrem eigenen Zug nach. Der letzte Wagen war ein Plattenwagen, ein hoher gedeckter wäre mir lieber gewesen. Da wären die Zugschlußlampen in Augenhöhe sichtbar gewesen. Aber je näher wir uns an den Zug herantasteten, je mehr ich meinen Kopf in die Zugluft durch die Seitenfenster des Führerhauses schob, um so mehr spürte ich, daß das polterfreie Heranfahren an einen Plattenwagen gar nicht so einfach ist. Noch bißchen mehr Dampf, noch 15 m, noch zehn, noch fünf – und dann einfach geschätzt. Und dann aufatmen, wir merkten, jetzt berühren sich zwei Lokomotivenpuffer mit zwei Wagenpuffern, die Schiebe hat ihren Zug wieder. Eigentlich war nun alles wieder gut...

Eigentlich, denn es war auf dieser Strecke verboten, ohne Kupplungsverbindung einen Zug zu schieben. Nun gaben wir mehr Dampf. Bloß den Kontakt mit dem Zugverband nicht nochmals verlieren! Freilich merkten wir auch nicht, wann die Zuglok bremste, und schoben einfach weiter. Es war schon eine komische Situation!

Wenn der Zug doch an einem Signal zum Stehen kommen würde. Dann könnten wir sofort nachkuppeln, wenngleich das nicht ungefährlich war, keiner von uns wußte ja, wann der Zug wieder anruckte. Und dann zwischen den Wagen und der Schiebelok ...

Der Heizer wollte schon kuppeln, als der Zug ganz langsam rollte. Aber das hätte tödlich enden können, zumal der Nieselregen das Gleisbett gefährlich glatt machte. Wie rasch und gewaltig es einem auf dem Schotter, den Schienen und den Schwellen die Beine weghauen konnte, das wußten nicht nur wir beiden. Außerdem gaben die Zugtoiletten der Personenzüge auch ihren Inhalt nach dort ab. Streckenläufer konnten da ihre ganze Laufbahn über ein Lied davon singen.

Also Hände weg von dieser wagemutigen Aktion, das war viel zu gefährlich.

Leider mußte der Zug nicht halten. Und als wir nun das Bogendreieck bei Werdau in einer scharfen Linkskurve befuhren, da mußte Dampf sein, der Zug hatte ja über 200 Tonnen Überlast. Jetzt galt es! Am Zielbahnhof würde der Heizer vom Führerhaus springen, um die Lok zu kuppeln. Trotzdem wußte wir nicht, ob es schon jemand bemerkt hatte, daß die Schiebelok so locker mitarbeitete. Auch von außen konnte schließlich jeder gut erkennen, daß bei der Lok wie dem Schlußwagen die schwarzen Luftschläuche noch brav im Halbrund in den Schlauchhaltern hingen. Nun, wenigstens dagegen konnte ich etwas machen: Immer wenn ein Eisenbahngarten, ein Stellwerk oder ein Schrankenposten mit stationärem Personal sichtbar wurde, öffnete ich die Zylinderhähne, das mußte als Kavaliersdelikt bei dieser Bergauffahrt gelten. Der ausströmende Dampf verhinderte zuverlässig den Blick auf die Kupplung. Von uns würde keiner je erfahren, warum wir dies bis Neumark hinauf immer wieder getan hatten.

Alles hat einmal ein Ende, auch diese Schiebefahrt mit Hindernissen. Wir kamen gut in den Bergen an, der Heizer sprang beim Halt im Bahnhof vom Führerstand, kuppelte die Lok rasch an, und nun konnte kommen, was wollte.

Fragend schaute der Heizer nun mich an, so, als wollte er sagen: ‘Bist Du mir gram?’

Nein, ich war ihm nicht gram – nur zum Lachen war es noch zu früh. Wir hatten Glück gehabt, aber es störte mich schon, daß etwas, was einfach in Ordnung sein mußte, nicht in Ordnung gewesen war. Und hätten wir in Zwickau den Zug auf mehr Abstand verloren, dann wäre dies wieder für einige Tage Gesprächsstoff gewesen. „Natürlich, der Richard Richter, der bei uns schon fast mal in die Drehscheibe fiel!“«

Von diesem Tag an war Richard Richter scharf hinterher, daß ja nicht vergessen wurde, die Lok anzuhängen. Hatte es der Heizer auch verbockt, er war schließlich für alles verantwortlich. Und als diese Schicht zu Ende war und nach Hause lief, sagte er zu sich selbst: »Schiebebissel ... Schiebebissel ...«

Wieder einmal hatte er gemerkt, daß keine Schicht der anderen glich. Und wieder einmal war ihm bewußt gemacht worden, daß man nicht genug auf der Hut sein konnte bei der Eisenbahn. Denn es hatte auch schon Schiebelokbesatzungen gegeben, die den Zug verloren hatten, dann zu hart wieder auffuhren und den letzten Wagen von den Schienen in den Schotter setzten, der dabei womöglich sogar noch umstürzte, auf jeden Fall aber das Gleisbett ordentlich ruinierte.

Die »Kuh« im Gleis

Jahre zogen ins Land, der Dienst auf den verschiedenen Dampfloks, die in Glauchau stationiert waren, brachte keine besonderen Erlebnisse. Sicher, es gab schon mal einen Halt wegen eines Schienenbruchs, auch ein von einem Unwetter überschwemmtes oder unterspültes Gleis behinderte die freie Fahrt. Auch kam es vor, daß Großvater vergebens auf die Ablösung am Bahnsteig wartete und deshalb Doppelschichten fahren mußte. Und dann kam eines Tages mitten in die Dienstzeit die Nachricht, daß das Töchterchen Ruth geboren war – sicherlich eine aufregende Botschaft, aber der Dienst mußte ja weitergehen. Auch menschlich allzumenschliches ereignete sich hin und wieder, wie damals, als Großvater mit seinem Heizer in Streit geriet, weil sich dieser aus reiner Faulheit seiner Notdurft in der Feuerbüchse entledigte, wodurch Großvaters Geruchsnerven aufs Schärfste strapaziert wurden. Es mochte wohl auch eine Art Mutprobe gewesen sein, die der junge Heizer damit ablieferte, denn die enorme Hitze verlangte bei diesem »Geschäft« schon Überwindung...

Aber dann, eines Tages, erlebte Großvater doch wieder einmal eine jener Fahrten, die jedem Eisenbahner im Gedächtnis bleiben. Mit einem Reisezug sollte es früh von

Glauchau nach Freiberg gehen, dort wurde gewendet und mit der gleichen Garnitur ging es dann zurück. Zuglok war ein »Rollwagen«, wie die sächsische XII H 2 von den Eisenbahnern genannt wurde. Kühl war es an jenem Morgen, und so glichen die Fahrgäste vermummten Gestalten, denen man die Müdigkeit noch ansah. Sie kamen zum Zug, legten den Kopf zurück, genossen die schwache Heizung in der Morgenkühle, hier und da leuchtete aus den Raucherwagen eine glimmende Zigarette auf. Großvater beobachtete vom Führerstand aus das Treiben auf dem Bahnsteig. Da, ein Kinderwagen, man hievte ihn hoch, das Baby überschlief die Situation. Doch Minuten später hörte man das durchdringende Stimmchen, dann verstummte es wieder, jetzt gab wohl die Mutter dem kleinen Erdenbürger in dem halbdunklen Dritter-Klasse-Abteil verstohlen die Brust. Großvater Richard hatte es gern, das neue junge Leben, hatte er doch selbst eine Tochter und zwei Buben. Versonnen dachte er an seine Familie. Doch nur kurz, denn nun galt seine Aufmerksamkeit dem Zug, die Abfahrtszeit war gekommen, ein Pfiff, ein Griff zum Regler, es ging los. Mit munteren Auspuffschlägen ging es aus dem Bahnhof, der Zug rollte gut und nun ging es auf St. Egidien zu und dann weiter in Richtung Freiberg in den Morgen hinein. Der Himmel erhellte sich, zeigte ein herrliches Morgenrot. Es könnte ein schöner Tag werden. Das Naturschauspiel lenkte Richard Richter für einen Moment von der Streckenbeobachtung ab. Als er dann wieder nach vorn schaute, sah er schemenhaft ein Hindernis. Doch was war das? Ein Baum, ein getötetes Tier, ein Stück Ladung?

»Schau mal nach vorn!« rief er seinem noch etwas schläfrigen Heizer zu. Und auch er selbst starrte nun angestrengt, die Zugluft mit einem Augenkneifen eindämmen wollend, in die Fahrtrichtung des Zuges.

»Ja, da ist was!«, kam es nun vom Heizer zurück.

»Nur was?«, fragte Richard Richter.

Er bremste den Zug etwas an. Sie hatten schon einmal ein Pferd überfahren. Es war damals aus einer Koppel gekommen, lief lange neben dem Zug her, querte dann aber das Gleis und die Lok war hart ausgehoben worden. Nur mit Glück waren sie damals nicht im Schotter gelandet, die Räder hatten auf die stählerne Bahn zurückgefunden. Dennoch war die Lage knifflig gewesen, denn die Lok hatte mit dem Aschkasten das getötete Tier noch vor sich hergeschoben. In Rückwärtsfahrt wäre man freigekommen, aber das wäre ja die falsche Richtung gewesen. Damals hatte Großvater mit Notsignalen von den nahen Gehöften Hilfe »herbeigepfiffen«, und es hatte auch nicht lange gedauert, daß sich eine große Menge an Schaulustigen, aber auch an Hilfeleistenden am Bahndamm versammelt hatte. Großvater erinnerte sich nicht ohne Schmunzeln an diese Episode, denn einige Tage später war der Bauer auf dem Bahnhof Glauchau erschienen und hatte dem Großvater eine große Gans, dem Heizer eine Ente übergeben. Als Entschädigung, sagte er, und weil der Vorfall nicht schlimmer ausgegangen war, denn der Weidezaun hatte eine Lücke. Er hatte damals schließlich doch den Zug zurückgedrückt, anders ging es nicht, und mit vereinten Kräften hatten dann alle Beteiligten das Bündel aus Fleisch und großen Knochen vom Bahndamm geräumt. Sicher hatte auch mancher von dieser »Notschlachtung« einige Brocken für den eigenen Kochtopf mitgenommen.. Nun ja, das Tier war so und so verloren, warum sollte es nicht wenigstens noch hier und da in der Stadt den Hunger stillen?

Als sie sich jetzt dem unbekannten Hindernis näherten, ging Großvater dieses Ereignis sofort durch den Kopf. Ganz langsam und bedächtig rollte der Zug nun auf den Fremdkörper zu.

Dann rief der Heizer:

»Sieht wie eine tote Kuh aus ... schwarz ... weiß ... aber keine Beine ...«

In der Tat, schwarz-weiß sah das Hindernis aus, aber eine Kuh?

Noch wenige Meter Fahrt. Dann hielt der Zug und die Waggonfenster gingen auf. Warum hielt der Zug auf freier Strecke? Stammfahrgäste wußten, daß es hier weder ein Signal noch einen Schrankenposten mit eventuell offenen Schrankenbäumen gab.

Und dann erkannten sie die Bescherung. Ein Felsbrocken, abgesprengt von einer Felswand, war genau ins Gleis gestürzt. Na, da würde der Bahnmeister staunen, wenn er davon erfuhr!

Richard Richter und sein Heizer schauten sich verblüfft und unschlüssig an. Sollte man lachen oder weinen? Welch ein Glück, daß man auf den Brocken nicht aufgefahren war! Doch wie konnte man nur die Strecke wieder freibekommen?

Ein langer, langer Pfiff – Großvater hatte richtig kalkuliert: Aus den umliegenden Häusern kamen die Helfer in Scharen. Jetzt bliesen auch die Sicherheitsventile lautstark ab, immerhin war der Halt ja nicht vorgesehen gewesen und so hatte der Heizer für anständig Dampf im Kessel gesorgt. Und da der Tag noch jung war, störten keine anderen Geräusche, so daß das lärmende Stehen des Zuges weithin zu hören war.

Alle, die im nahen Umkreis in den Gehöften und Häusern wohnten, kamen an den Bahndamm – mit den Motorrädern der damaligen Zeit, mit Fahrrädern und zu Fuß. Ja, sogar drei Reiter kamen hoch zu Roß, selbst ein schöner Schimmel war dabei.

Großvater wünschte sich natürlich, daß man das Hindernis schnell beseitigen könne, zumal es an Helfern ja nicht mangelte.

Zunächst einmal fuhr er den Zug in Absprache mit dem Zugführer, dem Schaffner und dem Heizer etwa fünfzig Meter zurück. Dann kuppelte man die Lok ab, die Wagen sicherte man mit der Handbremse. Richard Richter fuhr nun seine Dampflok wieder an den Felsbrocken heran. Auf dem Tenderumlauf lagen zwei Stahlseile. Vielleicht waren sie von der Werkstatt vergessen worden, vielleicht hatte man sie auch einfach liegenlassen. Sie waren jedenfalls schon etwas lädiert. Mit diesen wollten die Beteiligten also versuchen, den Felsen wegzuziehen. Die Lokmänner warfen die Seile ins Schotterbett, zwei Bauern trugen sie fort und banden eines davon um die vermeintliche »Kuh«. Es dauerte etwas, das Seil war widerspenstig, viele kleine Drähte schauten wie Fransen einer Tischdecke nach außen, und mancher trug dadurch blutige und schmerzhafte Hautrisse davon. Aber das störte die Bauern und Knechte nicht. Die Strecke sollte rasch frei werden, der Zug seine Fahrt ungehindert fortsetzen können.

Während die Helfer und der Heizer nun unter dem Felsbrocken das Seil durchfädelten, wartete Richard Richter und ein weiterer Helfer auf die Seilösen, die im Zughaken eingehängt werden sollten. Schließlich war man soweit, die Seile waren am Zughaken befestigt und Großvater bestieg den Führerstand. Vom Heizer kam das Zeichen, das Seil nun etwas straff zu ziehen. Zunächst allerdings ließ Richard Richter erst einmal einen Brüller los, denn die Neugier hatte die Zaungäste gefährlich nahe an den Felsen herangetrieben:

»Geht zurück, wen das Seil reißt, haut es euch um!«

Dann ging es los. Schon beim Heranrollen hatte Großvater etwas gesandet. Die Räder sollten einen guten Halt beim Felsenziehen haben. Ideal wäre es, wenn er den Felsen seitlich hätte vom Gleis ziehen können. Ob ihnen aber der Riesenbrocken den Gefallen tat? Was hätte ein Geraderutschen für einen Sinn gehabt?

Jetzt war er schon so viele Jahre Lokführer, aber weder in Rußland noch Frankreich hatte er je solch eine Bergungsaktion erlebt. Und auch die zahllosen Zaungäste hatten solches noch nicht gesehen. Als das Seil nun im Kupplungshaken straff ruhte, überlegte Richard Richter: Sollte er es mit einem derben Ruck versuchen? Das Seil könnte reißen. Vielleicht doch erst mal lieber gemächlich?

Er versuchte es erst einmal mit Gefühl: Regler auf, Dampffahnen aus den Zylinderhähnen hinaus, Schieberkastendruck weiter erhöht. Er konnte nun förmlich mitfühlen, wie der Druck der Kolben auf die Treibstange wirkte, wie die Kuppelstangen die Kraft an die anderen Antriebsräder weitergeben wollten, bis die Drehung zustandekam ...

Nichts bewegte sich. Die Radsätze griffen über zerfahrenen Sand hart an den Schienenköpfen an. Also den Regler geschlossen. Wenige Zentimeter rollte die Lok nun wieder auf den Felsen zu, doch das Seil verblieb im Zughaken.

Der zweite Versuch. Ein kleiner Ruck sollte es nun sein. Also wurde der Regler etwas rascher geöffnet. Die Lok schleuderte, doch immerhin: der Fels zeigte eine leise Regung, hob sich hinten etwas an, legte sich dann aber wieder mit voller Kraft ins Schienenbett.

Nun der dritte Versuch. Wieder die Zylinderhähne geöffnet, das Wasser hinausgetrieben. Dann das Seil wieder straffen, etwas Sand geben und dann den vollen Schieberkastendruck auf das Triebwerk abgegeben. Und dann, plötzlich – ein Satz, und Richard Richter konnte sich gerade noch festhalten. Das Seil hatte den Felsbrocken zweigeteilt, es war mitten durch das Gestein herausgetreten. Der große Felsbrocken war widerwillig einige Zentimeter gerutscht, lag aber weiterhin auf dem Schienenstrang. Großvater immerhin gelang es, die Lok schnell anzuhalten, so daß sonst weiter nichts passierte. Mit einem Zerteilen des Felsens hatte freilich niemand gerechnet, eher schon damit, daß das Seil riß. Aber auch dies war ja ein gewisser Fortschritt, denn nun waren es zwei nur noch halb so schwere Brocken, die es zu räumen galt.

Binnen zwanzig Minuten hatten die Eisenbahner nun die Strecke wieder frei, und nachdem die Seile, nun wirklich fast unbrauchbar, wieder auf dem Tender verstaut waren, fuhr Großvater die Dampflok wieder an den Zug heran, die Handbremsen wurden gelöst und nach der Bremsprobe setzte der Zug seine Fahrt fort. Von Pünktlichkeit freilich konnte nun keine Rede mehr sein, auch mit dem »Zylinderputzen« war nichts mehr zu machen. Erst die Verkürzung der Wendezeit in Freiberg würde es ermöglichen, den Gegenzug auf Glauchau pünktlich verkehren zu lassen. Doch dieses Mal war die Verspätung nebensächlich, denn ohne die Räumaktion wäre schließlich gar kein Zug mehr gefahren.

Als der Zug schließlich in Freiberg angekommen war, kam die junge Mutter mit dem Kinderwagen zur Lok und bedankte sich beim Lokpersonal:

»Ich dachte schon, ich müßte mit dem Kinderwagen querfeldein. Danke!«

Na, das tat dem Großvater gut. Und als er schließlich auch noch pünktlich wieder in Glauchau einfuhr, erwarteten ihn und seinen Heizer der Bahnhofs- und der Bw-Vorsteher am Bahnsteig. Mit einem kräftigen Handschlag bedankten sie sich bei den beiden für die heroische Bergung der »Kuh«.

Überhaupt wirkt ein Handschlag oft mehr als tausend Worte. Nicht daß Großvater es darauf angelegt hätte, solcherart geehrt zu werden. Aber als Anerkennung für die geleistete Arbeit tat ihm solcher Dank natürlich gut. Und so freute er sich auch sehr, als er einmal für seine Geistesgegenwart einen Blumenstrauß bekam. Damals war er zwischen Hof und Zwickau mit einem Reisezug unterwegs. An einem Bahnhof rief ihm das dortige Personal zu:

»Haut ab, Güterwagen folgen!«

Wohl kaum einer kann sich vorstellen, wie groß der Schreck war, als Großvater diese Nachricht begriff. Regler auf und nichts wie weg – es war keinen Augenblick zu früh, obwohl sie so schnell fuhren, wie es ging, sahen sie auf freier Strecke die Güterwagen näher kommen. Nun, es reichte damals gerade noch, in einem Unterwegsbahnhof stellte ein beherzter Eisenbahner die Weiche nach Durchfahrt von Großvaters Personenzug auf ein Nebengleis, die Güterwagen bogen ab, und der Personenzug war gerettet. Auch das war Eisenbahn – damals.

Ein besonderer Dienst

Wenn Großvater einmal ein paar Tage dienstfrei hatte, erholte er sich gerne vom Alltagstrubel in seinem Garten. Dann verschnitt er hier und da etwas und band auch schon mal einen Blumenstrauß.

Eines Tages gab er sich besondere Mühe und band mit viel Liebe Rosen zusammen, denn auf seiner letzten Fahrt hatte er mitbekommen, daß die Frau eines befreundeten Schrankenwärters in froher Hoffnung war. Mit dem Schrankenwärter waren seine Frau und er besonders verbunden, sie waren auch schon hier und da privat bei ihm gewesen, denn von ihm erhielten sie frische Lebensmittel, Kartoffeln, frische Eier, ein Huhn oder auch einmal eine Weihnachtsgans. Er richtete es dann so ein, daß er eine einzelne Lok leer zu fahren hatte, mit der konnte er dann an dem Posten kurz anhalten und die Sachen in Empfang nehmen. Großvater bezahlte den Wärter dafür gut, denn er wußte, wieviel Mühe nötig war, um Hasen und Hühner, Schafe und Ziegen gut zu versorgen, bis sie eben schlachtreif waren. Die Kartoffeln hatte er schon im Herbst geholt, und es hatte ihn mitunter rechte Überredungskunst gekostet, daß er die erforderlichen »Lokprobefahrten« vom Fahrdienstleiter auch genehmigt bekam.

Und nun wollte er sich mit dem Rosenstrauß also erkenntlich zeigen. In nasses Papier eingewickelt nahm er die Blumen mit auf die Lok und legte sie an einer kühlen Stelle auf dem Tender ab. In den Strauß hatte er zwei Äpfel eingebunden, damit der Fahrtwind ihn nicht unter die Räder der Lok oder der Wagen wehen möge. Großmutter Lina hatte noch eine Karte dazugetan und darauf stand nur: »Viel Glück.« Der Empfänger würde schon verstehen, was damit gemeint war.

Nun machten Großvater und sein Dampfroß gute Fahrt, schon kam der Posten in Sicht und Richard Richter nahm den Regler zurück. Die Triebwerke schnauften nur noch verhalten, ganz anders, als wenn sie kräftig gefordert waren. Dann, als er nahe genug war, pfiff er dem Schrankenposten zu, denn vom Wärter war nichts zu sehen. Der Pfiff trieb ihn aber aus seinem Häuschen und er blickte mit erschrockenem Gesichtsausdruck dem Zug entgegen, so als wolle er sagen: »Was pfeifst Du mich an, Du siehst doch, daß die Schranke rechtzeitig geschlossen wurde!« Doch dieses Mal war es ja auch kein Warnpfiff, wie sonst so oft. Als der Zug mit gedrosselter Geschwindigkeit an der Schranke vorbeirollte, warf Großvater den Strauß von der Lok, er landete fast direkt vor den Füßen des aufgeregten Schrankenwärters. Der hob nun das Eingewickelte auf, Richard Richter und sein Heizer schauten rückwärts auf die Szene, dann noch ein kräftiger Pfiff der Dampflok und schon konnten sie das kleine gelb-graue Gebäude am Rand der Strecke nur noch schemenhaft klein ausmachen. Auf der Rückfahrt stand die werdende Mutter neben ihrem Mann, eine Rose in der Hand, und winkte der Lokbesatzung zu. Und mit der zweiten Hand rieb sie langsam über ihren Bauch. O ja, sie hatte die Geste wohlverstanden.

Und dann kam der Tag mit dem ganz besonderen Dienst, Wochen waren seither vergangen und längst hatte der Winter Einzug gehalten. Im Keller roch es stark nach Äpfeln, die Einmachgläser waren wohlgefüllt mit Kirschen, und in einer Horte lagen auch jene Kartoffeln von dem Schrankenposten, die von Großmutter zu den »Wochenendkartoffeln« erklärt worden waren, weil sie so schön mehlig waren und ihr Vorrat begrenzt.

Das ganze Land war von einer dicken Schneeschicht bedeckt, der Weg zum Bahnbetriebswerk war nun beschwerlich und Großvater mußte sehr aufpassen, daß es ihm auf zugeschneiten Gullideckeln nicht die Beine wegschlug, er hatte ja böse Erinnerungen an den Fehltritt damals im Bw Zwickau. Auch das kleine Schrankenwärterhaus war nun eingeschneit. Es bot einen wildromantischen Anblick, aber für den Eisenbahner in dem Einzelhaus war der Winter eine schwere Zeit. Weitab von der großen Straße lag der Posten direkt am Schienenstrang im Tal, und die Holperstraße, die über die Gleise führte und zu deren Sicherung der Posten da war, war im Winter für fast kein Fahrzeug passierbar. Doch man hatte sich gut bevorratet, buk an harten Tagen sogar Brot, hatte von der Ziege die Milch, Eier auf Vorrat und von einem Schwein gab es auch schöne Hälften in der Vorratskammer. Kartoffeln waren da und die Holunderbüsche hatten in diesem Jahr Beeren für viele Flaschen Saft getragen.

Schon die Tage davor hatte es immer wieder kräftig geschneit und so langsam wußte man gar nicht mehr, wohin mit der weißen Pracht. In der Stadt hatten sie zwischenzeitlich schon ganze Züge aus Flachwagen mit Schnee beladen, hinaus ins Umland gefahren und an den Bahndämmen entladen.

Aber die ganze Zeit über hatte Großvater an »seinem« Schrankenposten immer die Frau gesehen, so, als ob ihr der Winter gar nichts ausmachte. Sicher, bald mußte es soweit sein, und es würde sicher wieder eine Hausgeburt werden. Und wenn es mit dem Schnee und dem Sturm so weiterginge, da käme kein Arzt und keine Hebamme ihr zu Hilfe. Aber wenn das Baby gesund war und richtig lag, mochte das angehen. Doch dann, in den letzten Tagen vor jenem Abend, hatte Großvater bemerkt, daß die Sorgenfalten der beiden größer wurden. Der Winter war immer noch schlimmer geworden, und die Frau hatte Angst.

Und nun standen Großvater und sein Dampfroß also am nächtlichen Bahnsteig und warteten auf die Ausfahrt mit dem Nachtreisezug. Sein Heizer und er hatten schon ein gehöriges Stück Arbeit gehabt, um die Maschine überhaupt aufzurüsten, denn bei diesen Witterungsverhältnissen war auch das Restaurieren der Dampfloks erheblich schwieriger als sonst. Schon der Weg zum Bahnbetriebswerk hin kam den Personalen doppelt so lang vor als sonst. Unter den Wasserkranauslegern hatten sich durch das heraustropfende Wasser spiegelglatte Schlitterbahnen gebildet, da bewirkte auch der kleine Eisenkorb mit der glühenden Kohle und dem Koks sehr wenig. Und das Öl in den Lagern war bei der Kälte auch reichlich zäh geworden und verlangte besondere Aufmerksamkeit.

Aber nun waren sie soweit und standen vor dem Zug. Noch hatten sie einige Minuten Zeit bis zur Abfahrt, da sahen die beiden eine Frau und einen Mann auf die Dampflok zukommen. Als Richard Richter und sein Heizer sie rufen hörten, dachten sie zunächst, sie würden gleich fragen: »Fährt der Zug in Richtung Dresden?« Aber so kam es nicht, das Paar stellte sich vielmehr als Arzt und Hebamme vor.

»Wir müssen mal mit auf ihre Lok!«

Nun ja, das Vorschriftenwerk der Eisenbahn besagte damals, daß Pfarrer, Ärzte und auch Hebammen mit auf die Lokomotiven durften, wenn es notwendig wurde. Und es war absolut notwendig. Als der Arzt ihm erklärte, sie müßten rasch zu dem Schrankenwärterhaus, wo ein neuer Erdenbürger auf die Welt wolle, man mit dem Auto gar nicht mehr herankönne und der Schienenstrang der einzige Weg wäre, da huschte es Großvater eiskalt den Rücken hinunter. Ob er mit der Lok genau an jenem Gebäude halten könne?

Jetzt war Richard Richter klar, daß seine Dampflok mit den nun vier Personen Geburtshelfer sein würde. Er schaute auf seine Taschenuhr, die frostbeschlagene Bahnhofsuhr war nicht zu lesen. Zwölf lange Minuten mußten sie noch warten, bevor es ans Zylinderputzen ging. Aber erst einmal mußten Arzt und Hebamme auf die Dampflok, und so eine Erstbesteigung ist gar nicht so einfach. Man benötigt beide Hände, und die Haltestangen waren keineswegs ganz sauber, man hatte Taschen in der Hand, die ihnen freilich der Heizer abnahm. Dann reichte er ihnen seine schwarze Hand hinunter, ergriff die der Hebamme, zog sie auf den letzten Schritten kräftig auf die Lok hinauf, während der Arzt, noch unten stehend, mit den Händen am Hinterteil der Kollegin gutgemeinte Schiebehilfe leistete. Wenig später war auch er oben und man sah beiden sofort an, daß sie zum allerersten Mal eine Dampflok bestiegen hatten.

Die Zeiger der Instrumente zitterten ein wenig, die Stehkesselwand gab eine angenehme Wärme ab, dann schaufelte der Heizer noch einige Schaufeln Kohle in die Glut, verteilte sie geschickt in alle Ecken. Auch der Arzt wollte es nun einmal versuchen und bat um die Schaufel, aber die Kohle ging verloren. Beim zweiten Versuch stieß er an den Rahmen der Feuertür, aber immerhin fand etwas Kohle in die Feuerbüchse.

Noch acht Minuten, noch sechs, noch drei ... Dann öffnete Richard Richter die Kondenswasserventile, laute heiße Dampfwolken stießen an die Bahnsteigkanten und dann kam der Befehl zur Abfahrt. Der Arzt hatte sich neben die Führerstandtür gestellt, wollte einen Blick hinaus tun, aber er merkte sehr rasch, daß es dort in der Kälte nicht auszuhalten war. Und die Hebamme klammerte sich am Tendereisen fest, sie merkte, daß so eine Dampflok ganz schön ins Schwingen kommt, je mehr sie an Fahrt gewinnt. Und sie erschrak, als sie genau auf dem Tenderblech stehend, geschaukelt wurde. Die eiskalte Luft war auch kein Vergnügen. Nun ja, lange würde die Fahrt nicht dauern.

Aus dem Bahnhof, über die Weichenstraßen waren sie nun hinaus. Für Richard Richter war klar, jetzt würde er dem Feuerroß mal richtig die Sporen zeigen. Zugführer und Schaffner wußten Bescheid, daß man am Schrankenwärterhaus außerplanmäßig halten mußte. Jetzt tobte sich das Triebwerk der Lok voll aus, es ging ja um Minuten. Nicht umsonst hatte der Schrankenwärter am Telefon um rasche Hilfe gebeten. Und dennoch hatte die Hilfe viel Zeit gebraucht, denn das Krankenhaus lag am Rande der Stadt und die Zufahrt zum Bahnhof gestaltete sich wegen der Witterung schwierig, und man war schließlich froh, den Zug überhaupt noch erreicht zu haben.

60 km/h, 70 km/h, 80 km/h lief nun der Zug dahin, durch den hohen Schnee war es mehr ein leises Rauschen denn ein vernehmbar lautes Fahren. Doch nur kurz dauerte die Reise, schon bremste Großvater den Zug etwas an, pfiff vernehmlich, der Schrankenwärter sollte wissen, daß der Zug nah war und pünktlich. Nein, überpünktlich, eine Minute vor Plan sogar. Jetzt rollte er fast im Schritt die letzten Meter dahin, dann hielt er genau auf dem tiefverschneiten Bahn-

übergang. Der Heizer sprang rasch hinab, ließ sich die zwei Taschen reichen und dann begann das Hinausklettern der beiden Mitfahrenden. Es war ihnen anzumerken, daß ihnen auch das Rückwärtsklettern nicht leicht fiel. Und als die letzte Sprosse erreicht war, da nahm der Heizer die Frau einfach mit beiden Armen ab, dem Arzt half er nur. Der Schrankenwärter hatte die Leute in Empfang genommen, murmelte etwas von schon geplatzter Fruchtblase und daß er schon heißes Wasser geschaffen habe.

Dann ein Pfiff, und der Dampfzug fuhr davon, mit zwei Minuten Verspätung, aber was war das schon in dieser Situation. Richard Richter öffnete den Regler derb, der Zug machte rasch gute Fahrt und kam pünktlich ins Ziel. Ob er die Hilfe wohl noch zur rechten Zeit gebracht hatte?

Er hatte. Nur kurz, nachdem Hebamme und Arzt eingetroffen waren, gellte der erste Schrei durch die Räume, der neue Erdenbürger war da. Und ein Gegenzug nahm eine gute Stunde später Arzt und Hebamme wieder auf. Und noch eine gute Stunde später waren sie wieder im Krankenhaus, wo sie von der abenteuerlichen Reise erzählen konnten.

Auch Richard Richter erfuhr natürlich bald vom glücklichen Ausgang des Unternehmens und ein bißchen stolz war er schon, daß er einen nicht geringen Beitrag dazu geleistet hatte. Und für Gesprächsstoff unter den Eisenbahnern hatte er obendrein auch noch gesorgt.

Die Brutzelrunde

Großvater war ein durchweg ehrlicher Mann. Er stellte sich nie als Helden dar, und wenn er selbst an irgend einem Mißgeschick Schuld hatte, dann stand er dazu. Nicht zuletzt deswegen hörten wir ihm auch gerne zu, wenn er diese oder jene Episode vom Bahndamm erzählte. Aus jeder Erzählung klang die Liebe zum Beruf, aber auch die Freude an der Pflicht und die Ehrlichkeit seinen Kollegen gegenüber heraus.

Einmal saßen wir auf einer Bank im Glauchauer Rosarium, einer Roseninsel fast am Ende der Kleinstadt. Großvater hatte mir gerade vom Streckenbau erzählt.

»Weißt Du«, sagte er, »damals wurden die Lokomotiven immer schwerer und schneller und deswegen mußten allerorten die Gleise verstärkt werden, um die schweren Maschinen auch sicher tragen zu können«.

Dann lehnte er sich erst einmal zurück und sog den Duft der Rosen in sich hinein.

»Ist schon was anderes als der Rauch einer Lok«, sagte er dann zu mir. Und ich tat es ihm nach. Er hatte an diesem Tag seinen Spazierstock mit, und nun begann er, damit auf dem Boden zu zeichnen. Zwei lange Strecken, hier Striche, dazu ein Rechteck, der Bahnhof, ein paar Verbindungsstriche dazu, die Weichen und noch ein kleines Quadrat, den Schrankenposten darstellend.

»Hier hatte ich auch mal ein Erlebnis. Wir hatten nach Gössnitz hinüber einen Güterzug am Haken. Wenn man vor Plan aus dem Bahnhof Glauchau heraus war, keinen Zug hinter sich wußte, da konnte man schon gemütlich dahinrollen. Auch störte es niemanden, wenn wir an einem der Haltepunkte oder einem Schrankenwärterhäuschen ein paar Minuten anhielten. Ich nutzte diese Gelegenheit öfter und fragte da gern nach ein paar Eiern, einem Stück Fleisch oder Wurst, natürlich gegen Bezahlung. Denn dort bekam man die Waren billiger als in der Stadt und sie waren sehr frisch. Was ich da sparte, verlieh ich dann auch mal an einen Heizer oder Lokführer, der gerade knapp bei Kasse war.

Auf dem Posten kannte man mich natürlich mit der Zeit, und so kam es auch öfter vor, daß ich nicht nur frische Ware kaufen konnte, sondern gleich zum Essen eingeladen wurde. Bei schönem Wetter pflegte der Schrankenwärter an einem der Posten sein Fleisch im Freien zu brutzeln, und wenn wir unterwegs waren, dann fiel auch für uns etwas ab. Dann drückte ich den Zug etwas zurück, damit die Lok vor den Schranken stand, denn der Wegübergang sollte frei bleiben. War unser Zug kurz, dann zog ich ihn ganz über den Übergang, bremste ihn fest und stapfte dann die paar Schritte von der Lok zum Wärterhäuschen zurück.

Freilich, wenn die Lok direkt vor der offenen Bahnschranke stand, erschraken die Fußgänger und die wenigen

Autofahrer mitunter schon, denn ein Zug, der vor einer geöffneten Bahnschranke stand – das roch immer nach einem Unfall.

Ja, und dann saßen wir da mit dem Schrankenwärter und seinen Angehörigen und ließen es uns gut gehen. Die »Brutzelrunde« hieß das bei uns, und es war stets ein wortwörtlich köstliches Vergnügen. Dann aßen wir und tranken einen Schluck dazu, natürlich nie ein Bier, sondern nur ein Glas Fruchtsaft, manchmal gab es auch nur eine Birne oder einen Apfel. So richtig erlaubt war dieser kulinarische Aufenthalt natürlich nicht, aber die Vorgesetzten waren weit weg, die Strecke frei, nachfolgende Züge gab es nicht – da konnten wir uns das schon hin und wieder leisten. Und es mußte ja niemand erfahren.

Aber eines Tages klingelte plötzlich der Streckenfernsprecher beim Schrankenwärter. Man fragte, ob wir schon durch wären?

Als der Schrankenwärter verneinte, wurde er aufgefordert, uns bei der Durchfahrt zu bedeuten, daß wir die Strecke schnell räumen sollten, denn es sei ein Unfall geschehen und der Hilfszug müsse schnellstens zur Unfallstelle. Na, wer rechnete schon damit? Wir nicht, an einen Unfall hatten wir nie gedacht. Freilich, bei näherer Betrachtung wurde mir klar, daß wir schon immer ein wenig auf unser gutes Glück gesetzt hatten, wenn wir zur Brutzelrunde gingen. Dabei hätte es ja auch durchaus passieren können, daß einmal eine leerfahrende Lok hinter uns her kam, beispielsweise, wenn irgendwo eine Planlok schadhaft geworden war und ausgetauscht werden mußte. Bislang war aber immer alles gut gegangen.

Nun, auch dieses Mal war ja nichts schlimmes passiert, aber wir sputeten uns jetzt natürlich. Mit dem letzten guten Bissen in der Hand stiegen wir hurtig hinauf auf die Lok: dann Warten, bis die Schranke geschlossen war, ein derber Pfiff – und schon zuckelte die kurze Güterwagenschlange davon.

Mein Heizer damals hatte schon das Lokführerpatent fürs »Zylinderputzen«, aber da gerade keine Planstelle frei war, mußte er einstweilen auf der linken Seite bleiben. Doch er sollte ja nicht aus der Übung kommen, daher überließ ich ihm nun die rechte Seite. Sollte er doch die Freude des Tages, das Wetter, das kleine Mahl soeben, genießen. Ich ging auf die Heizerseite und kümmerte mich um das Feuer, mein Heizer hatte die Sache schließlich problemlos im Griff.

Wir machten gute Fahrt, die Gleislage war gut, die Strecke war unlängst erst überholt worden. Der Güterzug hatte vielleicht 12 Wagen und etwa 270 Tonnen Last, er lief gut mit und so war es eine Lust, so dahinzudampfen. Mein Heizer ließ die Triebwerke voll aufleben, er konnte es also auch, das Zylinderputzen.

Dann näherten wir uns dem Bahnhof, er drosselte die Fahrt. Bremsen, mehr bremsen, dann die Weichenstraße. Ganz weit vorne sahen wir Gleisarbeiter, die gerade ein neues Gleis verlegten. Hacken, Schaufeln, Winden, Jacken lagen am Bahndamm, daneben der Bahnmeister, im Gras sitzende Arbeiter, sie wirkten erschöpft, kein Wunder, denn Gleisbau war eine schwere Arbeit und es war ja auch gut warm.

Aber plötzlich kam Leben in die Szene, einer der Arbeiter sprang auf und schwenkte seine Jacke im Kreis. O je, das galt uns. Und nun sahen wir auch, warum der Arbeiter so wild gestikulierte. Man hatte uns auf ein Gleis einfahren lassen, das noch gar nicht fertig im Schotter lag. Winden hatten es hier und da ausgehoben, damit man den Schotter besser unter die Schwellen drücken konnte, alles in Handarbeit mit der Hacke.

Und auf dieses Gleis waren wir nun mit etwas weniger als 50 km/h geraten. Die Lok und die Wagen schwankten deutlich, wir fühlten uns plötzlich wie auf einem Dampfer bei Seegang. Eine Gleiswinde nach der anderen rissen wir mit der Lok mit, jedes Mal knallte es, wenn wieder eine fiel. Und da sie unter Last gestanden hatten, gab das Gleis nun unter den Radsätzen nach und fiel auf das Schotterbett. So »torkelte« unsere Fuhre über das Gleis. Wir spürten auf einmal so ein Seeganggefühl unter unseren Füßen.

'Brems nicht zu scharf!', brüllte ich meinen Kollegen an. Denn wenn die Schiene je nicht angeschraubt war, hätte es durchaus passieren können, daß wir sie mit der Lok weiterschieben und ausfädeln würden.

'Und nicht sanden, bloß nicht sanden!'

Doch meine Warnung war überflüssig, denn mein Heizer hatte jetzt doch Angst bekommen und sprang von einer Seite zur anderen. Immerhin, noch schob der Zug, wir hatten den Eindruck, daß dem Verband nichts passiert war und alle Räder auf den Gleisen standen.

Schließlich kam die Fuhre zum Stehen. Aufgeregt kam das Bahnhofspersonal. Zerknirscht stand man sich selbst zu, ein falsches Gleis für die Einfahrt gewählt zu haben.

Unser Zug stand, und nachdem nun die Gefahr vorüber war, konnten wir sogar wieder schmunzeln. Das Bild war gar zu schön: urig bucklig lag das Gleis, und dementsprechend wild standen die Fahrzeuge. Ein Wagen hing nach rechts, einer nach links, einer neigte sich nach vorn, einer nach hinten. Es sah aus wie seinerzeit in Rußland, wenn der russische Winter zu Ende ging und die Gleise statt auf festem Eis plötzlich in Schlamm und Morast gebettet lagen. Notgedrungen hatten wir damals eine gewisse Großzügigkeit entwickelt und uns an derartigen Buckelpisten gewöhnt. Zwar mit der gebotenen Vorsicht aber durchaus zügig waren wir seinerzeit durch die russischen Weiten geschaukelt. Entgleist waren wir dabei nie. Dennoch gestehe ich, rein vom Fahren her war mir der russische Winter dreimal lieber, denn der Dauerfrost war ein idealer Spurhalter.

So war das damals gewesen, im Krieg in Rußland 1917. Aber nun standen wir hier mitten in Friedenszeiten in einem sächsischen Bahnhof auf einer echten Buckelpiste – eine schöne Bescherung war das, und dabei konnten wir noch nicht einmal etwas dafür. Einige Meter weiter, vor der Lok, war das Gleis zu Ende. Dort fehlten noch die neu einzusetzenden Schienen. Immerhin hatten wir noch Glück im Unglück gehabt, daß wir da nicht in den Schotter gefallen waren.

Der Bahnmeister, der an dem Vorfall ebenso unschuldig war wie wir auch, schlug vor, innerhalb der nächsten Stunde unter dem Zug die Schrauben anzuziehen. Etwas besseres fiel uns auch nicht ein, und ein zurückfahren über das wackelige Gleis kam ja eh nicht in Frage. Also geschah es nach des Bahnmeisters Vorschlag. Für die Streckenarbeiter war das freilich alles andere als ein Vergnügen, denn die großen Schraubendreher paßten nicht unter die Wagen. Man kürzte zwei und drehte nun von Meter zu Meter die Schienen fester. Nun erst drückten wir den Zug ganz langsam zurück, fuhren aus der Spitzweiche des Bahnhofs und befuhren nunmehr das richtige Gleis.

Erst nach und nach legte sich die große Aufregung. Unsere Maschine hatte von den umgelegten Gleiswinden einige derbe Schrammen davongetragen, aber das war verschmerzbar. Die Winden selbst freilich gingen erst einmal außer Betrieb, sehr zum Leidwesen der Bahnmeisterei, die das Werkzeug ja dringend benötigte. Daß die Sache ein Nachspiel hatte, versteht sich von selbst, denn es ließ sich nicht vermeiden, daß die hohen Herrn in der Eisenbahnverwaltung davon Wind bekamen.

Wir allerdings bekamen davon nichts ab, und daß wir zuvor bei der »Brutzelrunde« eingekehrt waren, hat nie jemand erfahren.

Gefahr im Tunnel

Einmal im Monat pflegte Großvater seine Familie des Abends alleine zu lassen. Dann ging er ins Wirtshaus und erholte sich ein wenig von seinem Beruf bei Bier und Skatspiel. »Gehirn und Gaumen putzen« nannte er das und meine Großmutter war verständig genug, ihm sein Vergnügen zu lassen. Ja, wenn sie für die paar Stunden ein Kindermädchen fand, ging sie hin und wieder sogar mit. Und sie konnte es gut nachvollziehen, wenn ihr Mann beim Lachen und Trinken für ein paar Stunden den Alltag vergaß. Im Skatspiel war Großvater ein wahrer Meister. Davon abgesehen erinnerten ihn die bunten Karten aber auch an einen Zwischenfall, der ihm einmal nahe Altenburg passiert war. Zwar waren damals keine Skatkarten mit im Spiel gewesen, aber Altenburg war ja die Geburtsstadt der Spielkarten, insofern lag der Bezug schon nahe. Und Großvater kam mit Zügen aller Art häufig nach Altenburg. Wahrscheinlich sagte er jedesmal, wenn er wieder einmal durch den Altenburger Bahnhof fuhr, leise Danke zu Stadt und Skatkartenfabrik – bis auf jenen Tag, an dem er mit einem Güterzug unterwegs war.

Lange Zeit hatte er keinen Zwischenfall mehr erlebt, alles hatte in den vergangenen Wochen und Monaten wie am

Schnürchen geklappt. Aber an jenem Tag lag etwas in der Luft, Großvater hatte ein ungutes Gefühl.

Mit seiner Fuhre war er auf der Strecke Zwickau–Leipzig unterwegs. Bei Altenburg führte das Gleis seinerzeit noch durch den berühmten Altenburger Tunnel. Als die Strecke in den sechziger Jahren elektrifiziert wurde, verschwand dieses Bauwerk, denn für den Fahrdraht benötigte man ein größeres Profil und schlitzte den Tunnel daher auf. Viele tausend Tonnen Erde und Gestein mußte damals abgetragen werden, es blieb ein tiefer Einschnitt, an dem man noch heute die Lage des einstigen Tunnels erahnen kann.

Als Großvater Richard und seine Heizer da lang fuhren, da war er noch da, stolz, finster und immer etwas unheimlich, besonders dann, wenn von der anderen Seite ein Zug in der Röhre entgegenkam, wenn das Gebrüll von Dampfschlägen, von Triebwerken und das Klickern von Schienenstößen von den dunklen Wänden vielfach widerhallte. Zwar war der Spuk des Gegenzuges in Sekunden vergessen. Aber dennoch: Gerne hatte Richard Richter solche Tunnelbegegnungen nicht. Was, wenn der Gegenzug auf dem falschen Gleis entgegenkam? Im Tunnel war diese Gefahr kaum zu erkennen. Was, wenn eine verrutschte Ladung seinen Güter- oder Reisezug seitlich rammte? Das hatte es alles schon gegeben, und die Folgen waren im Tunnel meist viel schlimmer als im freien Gelände. Und dann die Rauchgase im Tunnel. Sie waren häufig schwer zu verkraften. Auch vor Schienenbrüchen im Tunnel hatte Richard Richter Respekt. Dann ging von unten her ein mächtiges Rütteln durch die Lok. Und er dachte eigentlich nie zuerst an den Schienenbruch, sondern daran, daß die Treibstangen einen Schaden hatten oder eines der sehr kräftigen Lokfederblätter gebrochen waren.

Für Richard Richter war es Ehrensache, daß auch Güterzüge pünktlich verkehrten, zumal wenn sie auf der Hauptstrecke unterwegs waren. Er wußte, wenn er mit einem Güterzug liegenblieb, dann war der Ärger da, denn dann wurden Züge aufgehalten und der Fahrplan geriet aus den Fugen. Also stampfte er mit seiner Lok auch pünktlich auf die Minute hinein in das dunkle Loch.

Und nun war er mit den vielen hundert Tonnen seines Güterzuges im Tunnel drin, der Kessel hatte guten Druck, die Triebwerke arbeiteten gut, alles schien in bester Ordnung und nirgends gab es Anzeichen dafür, daß etwas nicht stimmte. An das Skatspiel, das er so liebte, dachte er jetzt nicht. »Gut hinein und gut hinaus«, so waren seine Gedanken. Und es schien auch dieses Mal wieder wie immer gut zu gehen – da plötzlich polterte es im Tunnel, und auf einmal spürte er einen kräftigen Ruck am Zughaken, der sich zur Tenderkupplung fortsetzte. Auf einmal lief der Zug, trotz des hohen Schieberkastendrucks schwerer, so, als würden Bremsen greifen. Doch die Bremsluft stimmte, eigentlich hätte der Zug laufen müssen. Doch er tat es nicht und nun hörten die beiden Männer auf der Lok ein grelles Pfeifen, hell, warnend, Gefahr vermeldend.

Richard Richter schloß den Regler, die harten kräftigen Dampfstöße verstummten, der Zug rollte nun leiser dahin. Zum Heizer gewandt fragte er:

»Hörst Du es auch?«

»Klingt wie ein Heißläufer!«

Das hatte den beiden gerade noch gefehlt, im Tunnel ein Heißläufer, eventuell ein Wagenbrand dazu. Die Zugluft hätte das Feuer rasch großgezogen, da hätte auch das wenige Tunnelwasser, das an den Wänden herabfloß und sich unten in einer Betonmulde staute, nichts helfen können.

»Anhalten, sofort!« Die zwei Eisenbahner waren sich einig. Bricht der Wagen nämlich doch zusammen, könnte im Nachbargleis ein Gegenzug in diese Unfallstelle hineinrasen. Bedächtiger als sonst bremste Richard Richter den Zug ab. Als er stand, schickte er seinen Heizer nach hinten. Ein Sprung von der Führerstandtreppe und dann schlürfte er schon ins Dunkle hinein.

Was würde er nun entdecken? Saß der Wagen mit einer Achse schon im Schotter? War das der große Ruck an der rückwärtigen Kupplung der Zuglok?

Richard Richter bediente die Lok, etwas Wasser, aber keine Kohle ins Feuerbett. Nur keine Rauchschwaden. Er hustete. Für den Hals und die Bronchien war das Klima schon Schwerarbeit. Ein Unglück im Tunnel, noch dazu auf dieser wichtigen Strecke Leipzig–Plauen–Hof/Zwickau, das hatte ihnen gerade noch gefehlt.

Der Heizer war nach dreißig Metern am Ziel, aber was er sah, war nicht dazu angetan, ihn zu beruhigen. Rotglühend leuchtete ihm das Achslager eines Güterwagens entgegen, der Ölstopfer fehlte und der letzte Rest des Lageröls brannte. Er zog seine alte Jacke aus, wollte die Flammen zum Ersticken bringen, doch das glühende Lager brannte sich sofort in den Stoff ein. An ein Ersticken der Flammen war nicht zu denken. Und etwas Tunnelwasser, nur mit der Handmulde geschöpft, verdampfte sofort.

»Möge der Lokführer entscheiden!« Rasch lief der Heizer nun wieder nach vorn, die gelöcherte Jacke lose über den Arm gehängt, so daß es ihn fröstelte. An der Lok angekommen, erstattete er Richard Richter Bericht. Schnell entschieden die beiden:

»So können wir nicht weiterfahren. Das wäre für diesen Zug und auch für Züge auf dem Nachbargleis viel zu gefährlich.«

Mittlerweile begannen die Sicherheitsventile zu säuseln, der überschüssige Druck wollte aus dem Kessel entweichen. Der Heizer mußte sich um den Überdruck bemühen, obwohl Richard Richter über die Zylinderhähne schon etwas Dampf abgab. Dann ein Rauschen im Tunnel, auf dem Nachbargleis tauchte von vorn ein Schnellzug in den Altenburger Tunnel ein. Sicher würde Richard Richter beim nächsten Skatspiel davon mal berichten.

Was war nun zu tun? Die Lok abhängen, den Zug festmachen und auf dem Bahnhof Altenburg dem stationären

Personal Bescheid geben, auf daß sie entscheiden? Oder den Zugteil bis zum Heißläufer mitnehmen, und dann den Unfallwagen in einer Einzelfahrt aus dem Tunnel holen? Oder vielleicht doch das glühende Achslager am Wagen abkühlen lassen, nachölen und den Zug dann komplett herausholen? Aber würde der Wagen die letzten Meter an Fahrt noch verkraften oder würde er entgleisen? Richard Richter ging fast alles gleichzeitig durch den Kopf.

Dann sagte er zu seinem Heizer, der ihn forschend ansah

»Geh zum Bahnhof, sage Bescheid. Die sollen das Nachbargleis sperren, wir wissen ja nicht, wie der Wagen sich verhalten wird!«

Das Vorkommnis auf dieser wichtigen Strecke war schlimm genug. Man würde viel aufhalten, was pünktlich rollen mußte. Doch kein Vorgesetzter konnte es ihnen übelnehmen, zuerst kam die Sicherheit, dann alles andere.

Trotzdem drehten sich alle Uhren hier nun zu rasch. Wahrscheinlich füllten sich jetzt die Bahnhofsgaststätten. Immerhin, die Wirtsleute konnten sich freuen, denn nun stieg der Umsatz an Bier, Kaffee oder Vesper.

Der Heizer trottete nun rasch dem Bahnhof entgegen, der Lokführer schaute in die Feuerbüchse, auf den Wasserstandanzeiger, dann lief er mit der Ölkanne nach hinten, in die dunkle Röhre hinein. Und Minuten später wurde es wieder lauter im Tunnel, die Schienenstöße auf dem Nachbargleis klickerten, die Dampfstöße trafen die Tunnelrundung. Eine allein fahrende Dampflok hatte den Heizer wieder zurückgebracht. Nun waren zwei Lokführer und zwei Heizer im Tunnel. Sie berieten vor Ort, was zu tun sei. Die Männer hatten nun schon schweres Atmen. Zwei Dampfloks im Tunnel, das ergab erst recht keine gute Luft. Die Strecke war damit auf beiden Gleisen blockiert. Vermutlich fiel in den zum Warten verdammten nachfolgenden Reisezügen so manches kräftige Wort und die Reisenden verwünschten die Eisenbahn. Aber was half es?

Man ließ das Achslager abkühlen, gab dann Öl nach. Vorsichtig wollte man den Zug aus dem Tunnel ziehen, das schien allen die beste Lösung. Entgleisen durfte der Wagen im Tunnel allerdings keinesfalls, daher war Fingerspitzengefühl verlangt. Richard Richter und sein Heizer gingen nun wieder auf ihre nahe Lok zurück, die zweite Lok blieb am Unglückswagen stehen, sie sollte mitrollen, wenn der Zug anzog, das Personal sollte den Heißläufer im Auge behalten und im Ernstfall sofort Signale abgeben.

Richard Richter öffnete den Regler, trieb das Kondenswasser aus den Zylinderhähnen, eine Fledermaus flatterte aufgeregt davon. Ganz behutsam zog er den Zug nun an. Nur keinen derben Ruck in dieser Situation nach hinten weitergeben. Alles ging gut, der Heißläufer zog gut mit. Nun wurde es heller, der Tunnelausgang, Tageslicht, frische Luft. Da zogen der Heizer und der Lokführer die Lungenflügel wieder voll Sauerstoff. Wie gut das tat!

Zwei Stunden später wurde im Freien der Wagen dann ausrangiert, die große Gefahr war gebannt. Großvater und sein Dampfroß waren glimpflich davon gekommen. Nicht auszudenken, was alles hätte passieren können. Das Unglück im Tunnel hatten sie durch besonnenes Verhalten vermeiden können, nicht aber die ansehnliche Verspätung. Aber was war das schon gegenüber dem durchaus möglichen Brand eines Wagens?

Knapp am Tod vorbei

Für gewöhnlich stellt sich ein Außenstehender den Dienst auf dem Führerstand ungeheuer aufregend vor. Doch den Personalen selbst war es verständlicherweise stets am liebsten, wenn sie eine Fahrt ohne besondere Vorkommnisse zu Ende brachten. Und in den meisten Fällen geschah dies auch. Es war ja nicht so, daß jede Fahrt ein spektakuläres Erlebnis mit sich brachte. Im Gegenteil: die meisten Fahrten in Großvaters langer Dienstzeit verliefen so, wie sie sich jede Bahnverwaltung wünscht. Pünktlich, zuverlässig, planmäßig.

Sicher, es kam nicht selten vor, daß Großvater einen Zug mit Verspätung übernahm. Bei Reisezügen war dies natürlich besonders unangenehm. Schließlich wollten die Fahrgäste pünktlich abfahren und pünktlich ankommen. Verpaßte ein Zug seinen Anschluß an einen anderen, war der Unmut groß und er entlud sich meist auf das Lokpersonal. Daher fuhr Großvater bei guten Bedingungen gern einige Verspätungsminuten wieder herein. Er war sich mit seinen Heizern darin einig: »Darin liegt unsere Ehre«. Mit Reisezügen, das wußte er, kam man zwar gut voran, hatte aber im Fahrplangefüge keinen großen Spielraum. War der Zug verspätet, war Fahrkunst gefragt. Dann wurde Großvaters

Taschenuhr zum wichtigsten Utensil. Dann hieß es: »Zylinder putzen«, damit die Fahrgäste ihre Anschlüsse in Leipzig, Zwickau oder im böhmischen Eger, wo er über Adorf auch hinfuhr, erreichten. Denn an Verspätungen hatten allenfalls die Bahnhofswirte ihre Freude, denn dort saßen dann die Reisenden, deren Anschlußzug abgefahren war und warteten ein paar Stunden auf den nächsten.

Etwas weniger schlimm war es, wenn er mit Güterzügen unterwegs war. Doch auch sie fuhren natürlich nach Fahrplan, und auch ein verspäteter Güterzug konnte den Betrieb gehörig durcheinander bringen. Und wenn wegen eines verspäteten Güterzuges ein Reisezug nicht pünktlich ankam, dann war der Schuldige schnell gefunden.

Eines Tages war Großvater mit einem Güterzug im Raum Berka unterwegs. Es war Herbst, die Schienen waren schlüpfrig vom herabgefallenen Laub und überdies lief der Zug mehr schlecht als recht. Immer und immer wieder schleuderten die Räder der Lok. Großvaters linker Arm hing ununterbrochen am Regler, das ständige Öffnen und Schließen ging gehörig in die Knochen. Doch es half alles nichts, immer wieder schleuderte die Lok. Und wenn sich die Räder lange nutzlos drehen, dann dauert es nicht lange und das Wasser wie auch die Kohle werden rasch knapp. Das waren dann die Momente, in denen es einem Lokführer angst und bange werden konnte. Dann konnte es passieren, daß das Personal das Feuer unter dem Kessel wegreißen mußte, damit dieser nicht ausglühte. Ein glühender Kessel war so ziemlich das Schlimmste, was einem Lokpersonal passieren konnte. Wäre dieser mit nachgespeistem Wasser in Berührung gekommen, dann wäre die Katastrophe da, dann würde der Kessel zerknallen. Was das hieß, wußte jeder Eisenbahner, es war oft genug schon geschehen und die Folgen waren schrecklich.

Und einen solchen Zug hatten Richard Richter und sein Heizer an diesem widrigen Herbsttag zu befördern. Die Männer mochten sich anstrengen, wie sie wollten, der Zug kam einfach nicht in Fahrt. Kohle und Wasser gingen bedrohlich zur Neige, vor ihnen lag eine Steigung und die Wagen hingen wie Blei hinter der Maschine. Richard Richter hatte die Steuerung auf kurze harte Dampfschläge gestellt, langsam und bedächtig stampfte die Maschine über die Gleise, immer wieder schleuderten die Räder und Großvater legte sein ganzes Können in die Bedienung des Reglers. Mit Gefühl versuchte er, den Zug am Rollen zu halten, er wußte: »Wenn wir hier am Berg zum Stehen kommen, dann ist es aus, dann kommen wir nicht mehr weg«.

Gedankenfetzen gingen ihm durch den Kopf: »Wir müssen den Berg schaffen ... Wir halten alle nachfolgenden Züge auf ... und wir haben wenig Wasser und wenig Kohle ... drüben im Gefälle können wir es gerade noch so schaffen ... aber jetzt am Berg Dampf machen müssen, das wäre das Aus ... und vielleicht auch das Feuer unter dem Kessel wegholen ... eine Sauarbeit, und auch der Tod für viele Holzschwellen – und eine Blamage ...«

Und dann, eine letzte Kurve, ein letztes Schleudern der Lok, ein Aufatmen, der Scheitelpunkt ist erreicht, die Bergkuppe überwunden und die Lok beginnt erleichtert zu rollen. Geschafft! Erlöst lehnen sich die beiden Lokmänner zurück, jetzt läuft der Zug leicht und wie von selbst dahin und der Regler braucht nur noch eine sanfte Regulierung.

Die flotte Fahrt gefiel den beiden, aber nicht lange, und sie fühlten sich unwohl. Irgendwie ging das zu gut, nach der quälend langen und anstrengenden Bergfahrt lief die Fuhre jetzt gar zu leicht. Ein Vorsignal nahte, es zeigte Halt. Richard Richter griff zum Führerbremsventil, bremste sachte – der Zug gehorchte »aufs Wort«. Da konnte doch etwas nicht stimmen, bei nur 55 Bremshundertstel und den nur wenigen gebremsten Wagen im Verband hätte der Zug nicht so prompt reagieren können, zumal Güterzüge ohnehin träge bremsten.

»Um Gottes Willen«, schrie Richard Richter seinem Heizer zu, »das wird doch nicht etwa ...«

Kreidebleich nahm er seine Lokführermütze ab, wischte sich den Schweiß ab und sprach den Satz zu Ende:

»... ich glaube unser Zug ist zerrissen, vielleicht nach der Bergkuppe. Er wird uns einholen, auch wenn da wenige Bremsen schleifen sollten ...«

In Bruchteilen von Sekunden begriffen die Männer die Situation.

»Wir können nur abhauen, so rasch wir können. Dafür müßten Wasser, Kohle und Dampf gerade noch reichen«, brüllte der Heizer.

Aber sie sollten sich beide verrechnet haben. So gut sie konnten, trieben sie den Zug nun vorwärts.

»Gebt uns keine Haltsignale, bemerkt, daß wir keine Zugschlußsignale haben, laßt die Schranken geschlossen, denn er wird rasch heran sein, der zweite Zugteil!«

Alles Hasten nützte nichts, nach wenigen hundert Metern Fahrt hatte die größere Wagengruppe den vorderen Zugteil eingeholt. Durch die Wucht des Aufpralls wurden Richard Richter und sein Heizer in die Ecken des Führerstandes geschleudert. Gerade noch war es den beiden gelungen, die Hähne der Wasserstandsanzeige zu schließen. Wäre das Glas zerbrochen, hätten sie sich sonst obendrein noch verbrühen können. Und dann hörten sie vom Zugschluß her das Poltern von Eisen und Ladungen. Sekunden später war es wieder still, unheimlich still. Die Güterwagen waren entgleist und hatten sich wie eine kleine Pyramide getürmt.

Stunden später erst begannen die Aufräumarbeiten. Mit der damals verfügbaren schweren Krantechnik sortierte man den Unfall auseinander, setzte Achsen neben den Bahndamm, lud Kohle, Hölzer und kleinere Stückgüter um. Die Nachricht von der Havarie hatte sich herumgesprochen, viele Schaulustige säumten den Bahndamm. Richard Richter und sein Heizer wurden einige Tage vom Dienst befreit, die schweren Prellungen und Platzwunden waren zu groß. Es waren die körperlich schmerzhaftesten Wunden in Richard Richters Laufbahn, aber es sollte beileibe nicht das einzige schlimme Erlebnis in seiner Dienstzeit bleiben.

Wildschwein, Fuchs und Klapperstorch

Der Mensch an sich gilt seit altersher als Jäger und Sammler. Daß freilich ein Lokomotivführer wie Richard Richter sozusagen von Amts wegen dem edlen Waidwerk huldigte, lag weniger an seiner Jagd- und Sammellust, als vielmehr an den Zuständen in den Wäldern und Auen am Bahndamm, die seinerzeit, vor dem Ersten Weltkrieg, von allerlei Getier bevölkert waren. Freilich wurden die Tiere auch wenig gestört.

Mitten im Wald lag seinerzeit auch der Bahnhof Teichwolframsdorf an der Strecke Werdau–Gera. Eines Tages war Großvater Richard auf der Strecke unterwegs. Kurz vor Erreichen des Bahnhofes tat es einen merkbaren »Bums« so daß Richter umgehend seinen Zug zum Halten brachte. Daß ein Zug hin und wieder ein Stück Wild auf die Puffer nahm, kam immer wieder vor, aber dennoch staunte Großvater nicht schlecht, als er die Bescherung sah. Eine mächtige Wildsau war es, die er mit seiner Maschine erlegt hatte. »Erlegt« war freilich noch geschmeichelt, »zerlegt« wurde der Sache schon eher gerecht. Die Lokomotive hatte das stämmige Tier buchstäblich in zwei Hälften zerteilt. Die Lokmänner fackelten nicht lange, luden die am Bahndamm liegende halbe Sau auf die Lok und setzten die Fahrt fort. In Teichwolframsdorf übergaben sie das corpus delicti dem Bahnhofspersonal und dampften weiter.

Am nächsten Tag ging es mit dem Gegenzug zurück. Eigentlich hatte Großvater das Erlebnis schon wieder verdrängt, aber als er in Teichwolframsdorf einlief, wurde er vom dortigen Personal bereits erwartet. Unter großem Hallo reichte man seinem Heizer und ihm ein großes Stück gebratenen Wildschweins auf die Lok. Wohl selten dürfte ein Braten besser gemundet haben, als diese am Tag zuvor am Bahndamm erlegte Wildsau...

Weitaus häufiger als Wildschweine erlegten die Züge andere Waldtiere. Oft traf es Rehe, vor allem im Winter, wenn der Schneepflug hier und da hohe Schneewände errichtet hatte, die die Tiere mit ihren vom vereisten Schnee wunden Läufen kaum mehr überwinden konnten. Wenn es möglich war, bewiesen die Eisenbahner ein Herz für die Tiere und gaben ihnen Zeit, sich zu entfernen. Aber bei einem Schnellzug oder einem Güterzug mit trägen Bremsen gelang das eben oft auch nicht mehr. Immerhin: so manches erlegte Reh landete letzten Endes in der Bratröhre, ähnlich wie das Wildschwein. Traf das Schicksal freilich einen Fuchs, so ließen ihn die Eisenbahner achtlos liegen, lediglich die Rute schnitt ihm mancher Lokführer ab und trug sie als Jagdtrophäe nach Hause – eine Gewohnheit, der Großvater allerdings nicht huldigte, schließlich war ein solcherart zu Tode gekommener Meister Reineke kein in ehrlicher Jagd erlegtes Tier.

Eine ganz besondere Begegnung allerdings hatte Großvater eines Tages in der Nähe von Mosel bei Zwickau und nachdem er uns die Geschichte erzählt hatte, glaubten wir ihm gerne, daß er damals im Kollegenkreis des Betriebswerkes Glauchau für allgemeine Heiterkeit gesorgt hatte.

»Nahe bei Mosel war ein Storch in die Telegraphendrähte geraten. Er hatte sich in den Drähten, die bogenartig von Mast zu Mast, von einer Porzellanglocke zur nächsten geführt wurden, einen Flügel gebrochen und konnte aus eigener Kraft nicht mehr fliegen. Immer wieder flatterte er auf, drehte sich im eigenen Kreis, kam aber nicht weg und verlor zusehends an Kräften. Ich war mit einer leerfahrenden Lokomotive unterwegs. Als ich das Malheur bemerkte, hielt ich meine Maschine rasch an, dann gingen mein Heizer und ich hin, um nach dem verletzten Tier zu schauen. Angesichts des gebrochenen Flügels war es klar, daß das Tier in Freiheit wohl kaum überleben könnte. Zwar gab es in den umliegenden feuchten Wiesen Nahrung genug, aber der Storch hätte wohl kaum auf die Jagd gehen können. Andererseits dauerte uns der Vogel und so ging ich schließlich zur Lok zurück, auf der ich einen leeren großen Sack mitführte, eigentlich mehr als Unterlage gedacht, wenn ich im Gleis kniend an der Lok oder am Bahndamm was tun mußte. Wenn es sich fügte, paßte auch ein kleines Reh hinein, das versehentlich überfahren worden war. Immerhin hatte ich ja eine fünfköpfige Familie zu ernähren, das Haus war abzubezahlen, und der Hunger war eigentlich immer groß und das Geld immer knapp.

Mit diesem Sack lief ich wieder nach vorn. Mein Heizer und ich fingen das sehr entkräftete Tier mit wenig Mühe ein und steckten es vorsichtig in den Sack, so daß nur der Kopf und der lange Hals noch herausschauten. Wir taten dies in bester Absicht, allerdings schien der Storch davon nicht überzeugt zu sein, denn immer wieder klapperte er böse mit dem Schnabel. An und für sich waren Störche hier im Muldental nichts Ungewöhnliches, denn die Gehöfte mit den umliegenden Feuchtwiesen boten den Tieren gewissermaßen das Paradies auf Erden. Jetzt aber lag er seitlich auf dem Tender und fuhr mit uns mit. Einen solchen Fahrgast hatten wir in unserer ganzen Fahrenszeit noch nicht gehabt. Eine Dampflok und neben uns ein Klapperstorch.

Im Bw Glauchau angekommen, fuhren wir mit dem verletzten Tier gleich über die Drehscheibe in den Lokunterstand. Neben dem damaligen Dienstvorsteher, einem sehr umgänglichen Menschen und Kollegen, waren dort viele Lok- und Schuppenpersonale versammelt, und zu aller Freude ließen wir den Storch, freilich noch im Sack steckend, auch mal zum Führerstandfenster hinausschauen. So ein lustiges Bild hatte es bis dahin im Bw Glauchau und darüber hinaus noch nie gegeben, und aus allen Richtungen hörten wir lautes Lachen. Ihren Höhepunkt erlebte die Heiterkeit, als uns ein Kollege vorwitzig zurief: „Paßt bloß auf, daß Euch der Storch nicht wirklich noch ein Kind bringt!“ Wer den Schaden hat, braucht für den Spott nicht zu sorgen – wir zogen es also vor, keinen Kommentar abzugeben und machten uns mitsamt unserem »blinden Passagier« auf den Weg zum Bw-Vorsteher, sozusagen zum »Storch zeigen«. Der Vorsteher staunte nicht schlecht über den Besucher, den wir ihm brachten, aber verständig, wie er war, griff er zum Telefon und rief einen Tierarzt an. Wir vereinbarten, den Storch am Bahnhofsbrunnen in Glauchau dem Tierarzt zu übergeben, denn im Gewirr des Bahnbetriebwerkes hätte sich der Medicus womöglich nicht zurechtgefunden. Da meinem Heizer nun doch der zurückliegende schwere Dienst anzusehen war, verabschiedete ich ihn nach Hause. Mit einem Lachen und den Worten, daß der Storch heute und morgen keine Kinder mehr austragen würde, verließen wir das Vorsteherbüro. Zwar hatte uns der Fahrdienstleiter zuvor noch gefragt, ob die Fahrzeitüberschreitung ab dem Bahnhof Mosel nötig gewesen wäre, aber da wir ja ein Leben gerettet hatten, fiel uns die Beantwortung der Frage nicht schwer, auch wenn es »nur« das eines Storchen gewesen war. Und so trug ich schließlich meinen Storchensack quer über die Bahnanlage des Bahnhofs Glauchau und durch die Bahnhofshalle, wo Kinder als erste meine Fracht entdeckten. Mittlerweile hatte sich Adebar an seine Rolle gewöhnt und klapperte mit seinem Schnabel, worauf die Kinder respektvoll zurücktraten. Doch nicht lange, dann hatte uns die neugierige Schar wieder eingekreist und wollte wissen, wie ich zu dem ungewöhnlichen Begleiter gekommen war. Als ich die Geschichte mit wenigen Worten erzählt hatte, erntete ich kein geringes Lob.«

So erzählte es Richard Richter. Es bleibt noch zu sagen, daß nach wenigen Minuten der Tierarzt am Bahnhof vorfuhr und das Tier übernahm. Rechtschaffen müde nach diesem ereignisreichen Tag lief der Lokführer heimwärts. »Du kommst heute sehr spät!«, empfing ihn seine Ehefrau Lina. Ja, er hatte zwei Stunden ganz persönliche Verspätung. Aber er hatte schließlich einen Storch gerettet und wer kann das schon von sich sagen? Nach einer Katzenwäsche schlief er sehr erschöpft und sehr lange ein.

Der siebte Sinn

Eigentlich sollte im Bahnbetrieb alles zweifelsfrei geregelt sein. Das ist heute so, und das war zu Zeiten von Richard Richter nicht anders. Eine Vielzahl von Signalen, Schildern, Vorschriften und natürlich der Fahrplan sorgten dafür, daß im Bahnalltag möglichst nichts dem Zufall überlassen blieb. Und dennoch: immer wieder gab es Momente, in denen alle Regeln nichts nützten. Dann war das Personal auf sich selbst angewiesen. Großvater pflegte immer wieder zu sagen:

»Den siebten Sinn auf den Gleisen, den mußten wir schon alle haben, denn es gab immer wieder Situationen, die in keiner Verordnung vorgesehen waren. Einmal stieß ich beispielsweise einen Kesselwagen vorsichtig vom Ablaufberg ab. In keiner Fahrdienstordnung war vorgesehen, daß der Wagen aufgrund seiner unzureichenden Füllung »bockte«. Das Schwappen der Flüssigkeit im Kessel jedoch widersprach allen Regeln und sorgte dafür, daß der Wagen in merklichen Sätzen über die Gleise holperte, an den Prellbock stieß und von dort wieder zurückkam. Da half dann nur Gefühl und Erfahrung.«

»Der siebte Sinn war es auch, der uns Lokführer immer begleitete, wenn wir beispielsweise in das Gewirr eines großen Bahnhofes eintauchten. So faszinierend die Bahnhöfe Dresden, Leipzig, Chemnitz oder auch Zwickau waren – wenn zum Beispiel Schnee die Signalbilder der Weichenkörper verdeckte, dann hatten wir schon mitunter Angst. Bei gutem Wetter und freier Sicht konnten wir ja genau sehen, daß der Gegenzug einen anderen Fahrweg hatte und dem eigenen Zug nicht gefährlich werden konnte. Aber bei Nacht, bei Nebel, bei Schnee, da war Wachsamkeit gefragt. Dann war es uns unmöglich, die einzelnen Fahrstraßen zu verfolgen, da mußten wir uns auf die Kollegen vom Stellwerk und auf unser »Näschen« verlassen. Das konnte schon unheimlich sein, wenn zwei Züge direkt aufeinander zufuhren und erst im letzten Moment die Weiche kam und die beiden Züge auf verschiedene Gleise dirigierte. Da lag dann die Hand immer am Führerbremsventil, damit man im Notfall schnell eine Notbremsung einleiten konnte. Wir kamen ja auch nicht täglich in die großen Bahnhöfe. Oft lagen zwischen den einzelnen Fahrten Tage oder auch mal Wochen. Und wenn dann womöglich noch Schlafmangel dazukam, dann war das Gefühl, den Fahrweg nicht ausdeuten zu können, schon eine Nervenprobe der besonderen Art. Freilich, die Reisenden in den Wagen bekamen davon nichts mit. Sie sahen aus ihren Abteilen die parallel fahrenden Züge, bemerkten die entgegenkommenden und waren womöglich beeindruckt und fasziniert von der Präzision, mit der dieser Betrieb störungsfrei ablief. Doch für uns auf der Lok war das stets eine ganz besondere Verantwortung.«

Keine Regel gab es auch für menschliches Versagen. Wo Menschen arbeiten, da passieren Fehler und keiner ist davor gefeit. Als Großvater mit seinem Dampfroß über die sächsischen Schienenstränge dampfte, galt sein ganz besonderes Augenmerk den zahlreichen Bahnschranken. Bahnschranken waren damals noch nahezu ausschließlich mit Schrankenwärtern besetzt, die rechtzeitig vor jeder Zugdurchfahrt die Schranken schließen mußten. Dann hatten sie den durchfahrenden Zug zu beobachten, und erst nachdem der Zug den Überweg verlassen hatte, durfte der Wärter ihn wieder freigeben.

Und dennoch passierten an Bahnübergängen immer wieder schreckliche Unfälle. Großvater erzählte uns öfter von seiner Angst vor Bahnschranken:

»Wenn wir auf zweigleisiger Strecke gerade über einen geschlossenen Schrankenübergang gefahren waren, blickte ich immer nach hinten. Oft sah ich, wie sich die Schrankenbäume aus der Waagrechten wieder in die Senkrechte begaben. Alles war in Ordnung, unser Zug war ja über den Übergang hinweg – und dann, einmal, kam uns auf der zweigleisigen Strecke in voller Fahrt ein Zug entgegen, geführt von der Dampflok »Sachsenstolz«, und wieder waren die Schranken hinter uns geöffnet worden. Die Männer auf der Schnellzuglok pfiffen uns kurz grüßend zu, uns aber schoß im Bruchteil einer Sekunde durch den Kopf: Mein Gott, die fahren auf eine geöffnete Bahnschranke zu. Um Himmels willen, wie konnte der Schrankenwärter den Gegenzug nur vergessen? Was konnte er für eine Katastrophe auslösen, wenn das Pferdefuhrwerk, das Auto, die Fußgänger vom Zug erfaßt würden?

Ich habe das in meiner Laufbahn als Lokführer gott sei dank nur ganz selten erlebt, wir konnten dann ja auch gar nichts machen außer das wir die Dampfpfeife voll durchrissen und sie laut brüllen ließen, hoffend, daß der Schrankenwärter sein Versäumnis, seinen Irrtum noch merkte und rettete, was noch zu retten war. Hoffentlich zuckte er zusammen, erinnerte sich sofort an den Gegenzug, war geistesgegenwärtig genug, sofort die Bäume wieder herunterzukurbeln.

So weit mir bekannt, ist damals nichts passiert, aber es waren diese Augenblicke, die uns immer wieder bewußt machten, wie zerbrechlich das System Eisenbahn sein konnte. Ein unbedachter Augenblick, eine Nachlässigkeit, eine kleine Ablenkung nur und die Katastrophe war da.

Und auch wir erlebten es nicht nur einmal, daß eine Bahnschranke geöffnet war, obwohl wir uns mit unserem Zug in rascher Fahrt näherten. Besonders schlimm war dies, wenn die Schrankenposten in der Landschaft in einer Gleiskrümmung lagen. Dann sahen wir die offenen Schlagbäume erst, wenn es eigentlich zu spät war. Dann durften wir keine Sekunde verschenken, dann gingen wir voll auf die Klötze, rissen den Regler zurück, hingen uns in die Dampfpfeife. Durch Mark und Knochen ging das Brüllen der Dampfpfeife, der Bremssand stob auf die Schienen, 'Steh doch endlich, komm steh!' Und die Maschine schien zu antworten: 'Merkst Du nicht, wie ich es will, aber der Zug schiebt mich weiter?'

Dann kroch es meinem Heizer und mir die Beine hoch, es ging tief in Herz und Hirn – wir tun, was wir können, reicht es? Die Bremsklötze hatten Lok und alle Wagen im festesten Griff, den die Bremsluft ermöglichen konnte, aber war es genug? Gegendampf! Aber oft blieb weder Zeit, noch hatten wir genug Hände, um in Sekunden alles bedienen zu können. Von den Radsätzen kam ein Rütteln, es knirschte vom zerfahrenen Bremssand. Ja, wir hatten in Sekunden das absolut notwendige und richtige getan! Da vorn, zwei Pferde, gemächlich ziehend, und wir noch immer mit 80 km/h, 70 km/h, 50, 40 ... und für so ein Fuhrwerk waren ja 10 km/h als Aufprall auf Tier und Wagen noch zu viel! Komm liebe Lok, noch 9, noch 5 ... Stand, Aus!

Wer vermag das Glücksgefühl zu beschreiben, das wir empfanden. Da stand das Fuhrwerk, die Schlagbäume offen, der fassungslose Schrankenwärter, daneben die Frau, ein Baby auf dem Arm, neben dem Wärterhaus der Ententeich und die Hundehütte – und direkt am Überweg der Zug, die Puffer der Lok schon im Bereich des Überweges. Welch ein friedliches Bild? Wie sollte ich da noch etwas sagen? Die Kehle war wie zugeschnürt. Und dann gingen die Schranken herab, ein kurzer Achtungspfiff, wortlos gab ich meinem Dampfroß die Sporen, wir machten wieder Fahrt, versuchten, den Fahrzeitverlust wieder einzufahren, ließen die Tachonadel auch mal auf der 100 tanzen. Und ich sagte mir oft: 'Du da oben, bitte keine offenen Schrankenbäume mehr. Nicht das Leid, den Tod, wenn es schief geht. Dazu bist Du doch auch da, Du da oben.' Denn es ging nicht immer so schadlos ab, wie bei meinen Fahrten.

Ich gewöhnte mir an, besonders in Gleisbögen, wo ich an den langen Kesselwänden entlang gar keinen Blick mehr auf die Strecke hatte, besonders lange und laute Signale mit der Dampfpfeife abzugeben. Auch wenn ich Mensch und Tier in der Nähe mit den schrillen Pfiffen nicht sonderlich erfreute, lieber ein Schreck ohne Folgen, als eine verheerende Katastrophe.

Und so kam ich eigentlich viele Lokführerjahre gut über alle Strecken in Sachsen und darüber hinaus.

Was ich mir immer wünschte, von den Lokomotivbauern, das waren große kräftige Scheinwerfer anstelle der Lampen. Aber die hätten im Gegenverkehr auch geblendet. – Sie kamen bei Dampfloks nie.

»Der Stärkere gewinnt«

Manchmal kam mir Großvater vor wie ein Märchenonkel aus dem Bilderbuch. Er saß in seinem Sessel, aß vielleicht etwas oder trank einen Tee und wenn dann ich, sein Enkel zu ihm kam, rückte er sich bedächtig zurecht, dachte nach und begann zu erzählen. Aber er erzählte nicht einfach drauf los, oft wollte er auch ein wenig gebeten werden. Einmal kam ich zu ihm, als er gerade dabei war, sich einen Apfel zu schälen. Das war immer ein besonderer Genuß, ihm dabei zuzusehen. Großvater vertrug die Schale nicht, daher schälte er die Äpfel vor dem Verzehr. Aber er schälte nicht einfach, nein, er versuchte, die Schale möglichst an einem Stück zu belassen. Den geschälten Apfel aß er, aus den Schalen machte die Großmutter einen köstlichen Apfeltee, den Großvater mit auf die Lokomotive nahm und an warmen wie an kalten Tagen trank.

Während ich ihm also dabei zusah, sagte er plötzlich zu mir:

»Wenn die Apfelschale nicht zerreißt und mindestens einen Meter lang wird, dann erzähle ich Dir wieder eine Geschichte vom Bahndamm!«

Da wurde ich natürlich hellhörig.

»Liebe Schale, reiße nicht, werde dünn und schön lang!«

Ich verließ den Raum und holte Opas Zollstock. Und als ich zurückkam, da lag sie, die Apfelschlange da. Doch wie sollte ich das geringelte Ding mit dem sehr geraden Zollstock vermessen? Opa gab mir den Tip, wie man die runde Apfelschale trotzdem gut messen kann.

»Laß die Schale am Zollstock wie einen runden Ball wandern, so kommt es auch hin!«

So machte ich es, zuerst sehr ungeschickt, aber dann hatte ich es gut raus.

»Achtzig Zentimeter, fünfundneunzig ...« Bei einem Meter und vier Zentimetern war die Apfelschlange zu Ende. Danke lieber Apfel, daß du so einen dicken Bauch hattest. Damals schummelte ich mit Maßen und Gewichten noch nicht.

Und dann setzte sich der Großvater in seinen geliebten Ohrensessel, streckte die Beine auf einem Hocker weit aus und begann dann, bedächtig wie immer, zu erzählen. Was für ein Opa!

»Die Tiere am Bahndamm boten uns auf den Loks immer wieder ein anderes Schauspiel. Wir standen einmal im Vogtland eine Stunde am Einfahrsignal. Die Ursache war ein Schienenbruch. Doch die Zeit wurde uns nicht lang, denn am Bahndamm bot sich uns ein Schauspiel der Extraklasse aus der Welt der Tiere.

Die Darsteller waren ein kräftiger Marder und zwei hübsche und flinke Eichhörnchen. Unsere Lok köchelte nur leise vor sich hin. Direkt daneben hatte der Marder die beiden

Eichhörnchen aufgespürt. Bekanntlich ist der Marder ein geradezu mordlustiger Geselle und tötet aus reiner Jagdlust. Und so war es auch in diesem Fall. Die beiden Eichhörnchen hatten jedenfalls nichts zu lachen. Zwar sah es zunächst wie Spiel aus, aber das war es nicht. Marder haben mit einem Eichhörnchen nie etwas Gutes im Sinn. Bekommt er es zu fassen, bleibt oft nur der Schwanz übrig.

Für uns auf der Lok freilich war die Hatz des Marders eine höchst willkommene Abwechslung. Zunächst hatten die beiden Eichhörnchen klar die besseren Karten. Behende sprangen sie hoch oben in den Gipfeln von Baum zu Baum, mit ihren Schwänzen lenkten sie den Flug über viele Meter. Doch der Marder war ausdauernder, obwohl ihm ja nichts anderes übrig blieb, als jeden Stamm hinauf und wieder hinabzuklettern. Man kann sich vorstellen, daß das zunächst vergebliche Bemühen seine Jagdlust eher noch verstärkte. Wehe den beiden, wenn er sie bekam. Vielleicht wußte er auch, daß jede Baumreihe einmal ein Ende haben mußte. Doch die beiden machten es ihm nicht leicht, denn selbst als sie unten auf dem Boden waren, gelang es dem Räuber nicht, sie zu erhaschen.

Und wir standen vor dem Einfahrsignal des Bahnhofs Jocketa, und konnten die ganze Jagd von unserem Logenplatz aus mitverfolgen. Lange ging die Jagd, manchmal glaubten wir, daß die flinken Eichhörnchen mit ihren eckigen Bewegungen, links, rechts, vorwärts, rückwärts, den Marder ganz schön narrten.

Doch schließlich gingen die Tiere vom Bahndamm weg, und so blieb uns leider verborgen, ob der Marder am Ende die Oberhand gewann oder nicht. Vielleicht fand ja der Förster oder ein Wandersmann einige Zeit später einen Eichhörnchenschwanz als untrügliches Zeichen dafür, daß der Marder gesiegt hatte. So ist das in der Natur, der Stärkere siegt über den Schwächeren. «

Großvater machte eine Pause. Aber dann erzählte er weiter.

»Weißt Du, dieses jahrhundertealte Naturgesetz macht mitunter auch vor den Menschen nicht halt, und dann kommt mitunter auch noch Gehässigkeit und Mißgunst dazu.

Einer meiner Heizer hatte seine Aufgaben einmal sehr nachlässig erledigt, und ich schimpfte deshalb tüchtig mit ihm. Er hatte vergessen, den Wasserkranausleger wieder zur Seite zu drehen, nachdem wir Wasser gefaßt hatten. Als wir dann wieder losfuhren, rissen wir mit dem Tenderblech ein Stück des Rohres ab. Es war zwar zum Glück nur das untere blecherne Ende, also das Einfüllstück, das wie ein Trichter aussieht und an den Ausleger des Wasserkrans gehängt wird, damit möglichst wenig Wasser daneben geht. Aber immerhin, melden mußte ich das Mißgeschick und es mußte Ersatz angefordert werden. Denn schließlich war ich der Verantwortliche der Lokomotive, und das, was ich »mitverbockte«, das sollten andere nicht ausbaden müssen. Es dauerte ein paar Stunden, dann war der neue Trichter fertig und eingebaut. Meine Kollegen aus der aus der Werkstatt in Glauchau hatten »ihrem Richard« rasch geholfen.

Eigentlich wäre die Sache damit erledigt gewesen – aber leider war mir der Heizer nicht wohlgesonnen, nachdem ich ihn so gescholten hatte. Er wußte, daß ich in meiner Brotbüchse ab und an Kohlestücke in der Brotbüchse mit nach Hause nahm.

Eines Tages kamen die Vorgesetzten auf meine Lok. Sie wollten meine Tasche, den Beutel, die Teekanne sehen. Ich gab ihnen alles, auch die Brotbüchse. Doch an diesem Tag war darin nichts anderes, als das, was hineingehörte, nämlich Brot. Die Kontrolleure hatten kein Glück. Unverrichteter Dinge zogen sie wieder ab.

Ich freilich wußte nun schon, was die Stunde geschlagen hatte. Mein Heizer hatte gedacht, daß ihm das Wissen um meine Schmuggeleien Stärke über mich gab. Und weil mein Schimpfen in ihm weitergebohrt hatte, wollte er mir eins auswischen und »verpfiff« mich bei meinen Vorgesetzten. Das ist das, was ich mit Gehässigkeit meine. Die Sache hätte ja wirklich dumm ausgehen können für mich, wenn ich nicht zufällig an jenem Tag tatsächlich Brot in der Büchse gehabt hätte.

Ich habe seither nur noch leere Brotbüchsen mit nach Hause gebracht, aber wenn neben dem Kohlekran einmal so ein kleiner Brocken Kohle lag, dann habe ich ihn aufgehoben und heimlich mitgenommen. Schließlich bedeutete jedes Stückchen Kohle ein kleines bißchen weniger Frieren –

wenigstens zu Hause sollte es warm sein, frieren mußten wir auf der Lok mehr als genug, denke nur an die Rückwärtsfahrten mit offenem Führerhaus. Weißt Du, es kam nicht allzu oft vor, daß wir rückwärts fahren mußten, es gab ja fast überall Drehscheiben. Aber manchmal ließ es sich eben doch nicht vermeiden, und wenn es dann Winter war und draußen Minusgrade von zehn oder auch bald zwanzig Grad, dann verwünschte ich meinen Beruf. Da halfen oft auch die Nierenschützer aus Hasenfellen oder die Fellmütze, die mir Deine Oma gemacht hatte, nicht viel. Und selbst, als später die offenen Führerhäuser mit dicken Vorhängen versehen wurden, wurde es nur wenig besser. Denn bei Rückwärtsfahrt hatten wir den heißen Kessel mit seiner Wärme nicht vor uns, sondern im Rücken und der Fahrtwind ließ von der Wärme nichts übrig.«

Und dann lehnte sich Großvater in seinem Ohrensessel zurück und schlief ein. Ich rüttelte nicht an seinen Armen. Wer wußte, wo er nun gerade war. War es ein Traum, vom Bahndamm und Lokomotiven? Ich würde ihn dann schon fragen, wenn er etwas erstaunt die Augen öffnen würde.

Eine Überraschung

Wenn Großvater und Vater Geburtstag hatten, äußerten sie stets nur einen Wunsch. Es sollte eine schöne Flasche Birkenhaarwasser sein, und so trug ich schon beizeiten das Pfandgeld von leeren Flaschen zusammen, sammelte im Herbst Eicheln und Kastanien, verkaufte sie, bis ich die Taler für den Birkenwasserkauf zählen konnte. Mit der Zeit kam dann das nötige Kleingeld zusammen und ich konnte dem Vater eine für seinen spärlichen Haarwuchs eine Flasche kaufen. Auch für den Großvater reichte es noch zu einer, und so verehrte ich beiden je eine Flasche Haarwasser. Großvater rieb sich damit immer die Brust ein. »Das belebt«, pflegte er zu sagen. Und weil ich mit dieser Gabe die beiden glücklich gemacht hatte, sannen sie auf eine Art Revanche. Eines Tages sagte Großvater zu mir:

»Wir haben eine Überraschung für dich, rate mal, was es ist.«

Und ich rätselte lange – und vergebens. Zunächst dachte ich daran, daß meine damalige »00«-Eisenbahn vielleicht um einen Wagen bereichert würde. Immerhin fuhr ich an einem vierachsigen Schnellzugwagen lange Zeit das Preisschild spazieren: Zwei Mark stand darauf und ich dachte: »Mein Gott, nur zwei Mark!« Warum hatten meine Märklin-

Modellbahnschnellzüge nicht viele Wagen? Und die Zweiachser, immerhin komplett aus Blech, kosteten gar nur 1,50 Mark!

Doch dann erfuhr ich, daß man auch für diesen Preis lange arbeiten mußte, daß die Modellbahnloks und Transformatoren, Schranken, die sich allein schlossen, auch ihren Preis hatten. Und so schien mir schließlich die Aussicht auf einen neuen Wagen als die größtmögliche Überraschung überhaupt.

Doch dann hieß es:

»Morgen früh fahren wir mit dem Zug nach Glauchau, Du wirst staunen.«

Mein Vater war es, der diese geheimnisvollen Worte von sich gab. Und die Spannung stieg noch, als er meinte:»Und Mutti nehmen wir auch mit.«

Was war es bloß, was Vater und Großvater da ausheckte? Und sogar die Mutter hüllte sich in Schweigen. Ich war rasend neugierig, zumal Vater schließlich auch noch anmerkte, daß wir auch noch eine Holzkiste mitnehmen würden.

Ich glaubte, daß die Kiste mir einen Fingerzeig geben könnte. Na klar, ich bekomme zwei junge Hasen, und die Kiste ist für deren Transport. Die beiden anderen hatten wir nämlich gegessen. Beim einen war mir das gar nicht schwer gefallen, denn er war ein kratzbürstiger Genosse gewesen. Der andere hingegen war ein ganz liebes Tier, daher war mir sein Genuß eher getrübt. Nun, einstweilen war es eine bloße Vermutung, ich mußte Geduld haben. Voller Rätsel und Fragen schlief ich halbherzig ein.

Dann kam der große Tag. Von der Wohnung bis zum Zwickauer Bahnhof war es ein Katzensprung. Wir liefen durch die Vorhalle, gingen zwei Treppen hinunter und dann wartete dort schon die breite Reihe der Bahnsteigsperren. Eine besetzte suchten wir uns aus, meine Kiste, mit einer Trageschnur umwickelt, polterte an die Tür des Bahnsteigsperrenbeamten. »Besser aufpassen!« rief er mir nach und ich dachte:

»Hast ja recht«. Aber der Durchgang war eng, die Holzkiste stachlig und ich hatte kurze Hosen an. Und daß ich mir wegen dieser engen Bahnsteigsperre die Beine an dem rauhen Holz aufrubbeln sollte, sah ich dann doch nicht ein. Lieber ein Rums an die Bahnsteigsperre als wunde Beine. Durch die Unterführung ging es zu den Bahnsteigen, dann nach rechts abgebogen, und dann standen wir auch schon auf dem Bahnsteig. Der Zug nach Glauchau wurde hier eingesetzt, er stand bereits abfahrbereit am Bahnsteig, die Luftpumpe der Lok machte ein paar Schnaufer, der Heizer umrundete sie mit einer Ölkanne, und der Lokführer vertiefte sich gerade in seinen Buchfahrplan, während er mit seinen kräftigen Händen eine Blutwurstschnitte verspeiste. Offenbar sah er meinen Augen an, daß ich ihn um das Brot beneidete, denn er brach ein Drittel der Schnitte ab und gab sie mir vom Führerstand herunter. Die Wurst schaute zwar zwischen den Brotscheiben heraus, aber von Butter oder Margarine keine Spur.

Ich aß die Gabe trotzdem mit Bedacht, versuchte auch, etwas vom Loköl herauszuschmecken, das der Lokführer an den Fingern hatte. Sie schmeckte mir vorzüglich, diese »Lokführer-Schnitte« unter freiem Himmel, hier auf dem Bahnsteig. Mein Vater wollte zwar mit mir schimpfen, doch Mutter lenkte ein.

»Ich glaube, der Junge hat heute früh gar nichts gegessen!« Und sie hatte recht, schließlich war ich viel zu aufgeregt gewesen um zu frühstücken. Was hatten sie nur mit mir vor? Waren es wirklich zwei Junghasen, die ich vielleicht selbst aussuchen dürfte? Andererseits, es sollte mit der Eisenbahn zu tun haben – soviel hatten Vater und Großvater schließlich doch herausgelassen. Na ja, zwei Hasen, in einer Kiste per Eisenbahn von Glauchau nach Zwickau befördert, hatten ja auch irgendwie mit der Eisenbahn zu tun, wenn auch nur entfernt.

Abwarten. Die Aufsicht hob die Kelle, und der Zug mit nahm seine Fahrt auf. Es ruckte und zuckte, und zusammen mit den harten Bänken ergab dies ein außerordentlich »komfortables« Fahrvergnügen. Vater schimpfte: »Wieder mal die Kupplung nicht eng gedreht.« Lockerer ließ man die Kupplungen nämlich nur bei schweren Zügen, bei den leichten Personenzügen hingegen sollten die Kupplungen straff sein, schon damit die Fahrgäste nicht so durchgerüttelt wurden. Das hatte ich als Bub nicht gewußt, aber logisch war das schon.

Unser Personenzug hatte nun schon den Bahnhof Mosel erreicht. Der Bahnhof grüßte, das ziegelrote Beamtenhaus, gleich angrenzend, auch.

»Im Bahnhof wartet deine Überraschung«, meinte der Vater.

»Ich dachte, wir holen nur Hasen mit der Kiste?«

»Heute nicht, die kommen aber auch noch, nur heute nicht«, antwortete Vati.

Einfahrt Glauchau. Eine Steinbrücke, der große lange Zaun, das Schleifen der Bremsklötze, ein Ruck, der Zug stand. Die Kiste gepackt und raus.

»Wir gehen nicht durch die Bahnsteigsperre, sondern ins Bahnbetriebswerk«, sagte nun mein Vater zu mir, und ich entdeckte in seinem Gesicht ein schönes Schmunzeln.

Zuerst ging er zur Aufsicht und zeigte seine Legitimation, dann gingen wir gemeinsam zu den Dampfloks, die rund um die Drehscheibe und auf den Freigleisen standen. Vater zog einen Zettel heraus, einige Zahlen standen darauf: Es war eine Loknummer, eine Baureihe 86. Diese Lok suchte er nun und als wir sie gefunden hatten, klopfte Vater mit einem kleinen Hammer an die Eisentür des Führerstandes.

»Ja«, brummte da eine Stimme und Sekunden später schaute der Großvater und ein weiterer Kollege auf uns herab und luden uns zum Aufsteigen ein. Während ich mit dem Vater rasch oben war, tat sich Mutter sehr schwer. Vati kletterte also nochmal hinab, erklärte der Mutter, wie man am besten da hinauf käme, und auch, daß man sich bald die Hände wieder waschen könne. Mutti machte ein süßsaures Gesicht, denn sie wollte an sich nur zu ebener Erde zuschauen. Aber nun war sie oben, man reichte uns die Kiste nach. Großvater pfiff die Drehscheibe an, dann wurde ihm signalisiert, daß er sie befahren dürfe und ganz behutsam rollte nun die Lok auf die Bühne, hielt zentimetergenau und dann bekamen wir alle das Karussellgefühl, als sich die Lok nun mit uns drehte.

Dann erneut ein Pfiff und ganz gemächlich lief die Lok von der Scheibe. Die Räder klickten auf den Schienenstößen. Es ging auf langes Gleis, links und rechts wucherte das Unkraut. Das Gleisende sah man gar nicht, es mündete sozusagen ins Grüne. Na ja, Großvater würde schon genau wissen, ob er nun 300 oder 400 Meter rollen dürfe. Nun griff mein Vater nach dem Reglerhebel, hatte zuvor nochmal die Steuerung bedient, so daß die Schnaufer der Lok so klangen, als hätte sie einen tonnenschweren Zug am Haken. Nochmals ein schriller Pfiff und er fuhr mit uns langsam davon. Wir genossen es alle!

Mutti war, wie ich, auch fasziniert. Wie die Lok doch gehorchte, wie sie nach Sekunden mehr Dampf in Leistung umsetzte, wie ein Griff zum Führerbremsventil den Lauf der Räder auch mal ganz rasch oder gemütlich beenden konnte. Meine Augen leuchteten wohl dabei, die Mutter schaute noch immer etwas ungläubig drein, denn das hatte sie auch noch nie erlebt. Es roch zugleich nach Dampf, Kohlengasen, Öl, da zitterten alle Instrumentenzeiger, da kam große Hitze auf den kleinen Führerstand, wenn man die Feuerbüchsentür öffnete. Wie langweilig waren dagegen doch jene Loks auf unserem Spielplatz, bei denen der Schornstein mit einem Stück Blech abgedeckt war, und die, wo immer man sie anfaßte, nur kaltes Metall waren.

Plötzlich rief Großvater, der nun wieder am Regler stand: »Festhalten!«

Und dann trieb er die Tachonadel bis über die 65 km/h hinweg. Es war unbeschreiblich, toll. Doch es sollte noch viel besser kommen. Noch ahnte ich nicht, daß ich gleich Deutschlands jüngster Lokführer sein durfte. Aber nun gab die mitgeführte Kiste ihr Geheimnis preis. Großvater stellte sie auf den Boden direkt vor dem Regler. Dann sagte er zu mir, ich solle mich auf sie stellen, damit ich den Regler bedienen könne. Ich, der Steppke, sollte den schweren Hebel bedienen, der selbst den Erwachsenen oft nur schwer gehorchte!

Ich ahnte schon, wieviel Mumm in den Muskeln da dazu gehört. Hätte ich doch zu Hause nur richtig gefrühstückt. Das eine Stück Brot am Zwickauer Bahnsteig war doch etwas dürftig, außerdem hatte ich jetzt auch einen Riesendurst. Aber das spielte jetzt keine Rolle, nun stand ich auf der Kiste, die Hände viel zu weit weg vom Steuerungshandrad. Großvater drehte sie stellvertretend für mich in die richtige Lage. Dann sollte ich pfeifen. Der erste Pfiff war jämmerlich, der zweite war schon viel besser.

»Und jetzt gib Dampf!«, befahl der Großvater.

Ich versuchte es. Es geschah nichts. So sehr ich es auch versuchte, der Regler ließ sich nicht bewegen. Ich stand irgendwie im verkehrten Winkel, hatte wohl auch nicht genügend Kraft, um ihn nach links wegzudrücken. Doch Großvater war ja da. Er legte seine Hand auf meine und meinte:

»Wir tuns gemeinsam!« Und er drückte, so fest, daß mir meine Hand fast wehtat. Aber immerhin, jetzt gehorchte die Lok willig. Immer schneller wirbelten die Stangen und wir fuhren zügig über die freien Gleise des Bahnhofs.

Fast eine Stunde blieben wir auf der Lok, aber sie verging im Nu. Ich war erregt, glücklich, stolz auf mich, hatte mein nächstes Aufsatzthema, war aber auch stolz auf Vati und Großvater und natürlich auf die Mutter, die tapfer ausgehalten hatte. Dennoch war ihr die Erleichterung anzusehen, als sie die steile eiserne Treppe wieder hinabkonnte.

Doch vorher passierte mir noch ein Malheur: Großvater Richard hatte die Feuertür geöffnet und meinte:

»Klaus, Du hast gesehen, daß ein Lokführer viel Kraft braucht, er draußen aber nie ein Signal oder Hindernis übersehen darf, daß er alle Instrumente mit dem Heizer zusammen beobachten muß. Aber nun sollst Du auch wissen, daß ein Heizer bei jeder Fahrt viel Kraft braucht. Nimm die Schaufel, mache sie nicht voll, und schippe mal etwas Kohle ins Feuerloch.«

Die erste Schaufel war zu voll, ich verlor die Kohle auf dem Fußboden des Führerstandes. Also nahm ich beim zweiten Mal nur ganz wenig Kohle. Dann drehte ich mich – und traf die Öffnung der Feuerbüchse nicht, sondern stieß seitlich an. Die Kohlen purzelten allesamt ins Führerhaus. Vater, Großvater und der wirkliche Heizer aus Glauchau lachten, aber nur Sekunden, denn dann versuchte ich es mit sehr viel Schwung und wenig Kohle nochmal. Es gelang – fast. Denn nun hatte ich soviel Schwung, daß mir nicht nur die Kohle ins Feuerloch fiel, sondern die Schaufel gleich hinterdrein. Im Nu brannte der hölzerne Stiel. Man konnte sie nicht rasch genug bergen.

Immerhin blieb das Schaufelblech selbst erhalten, Großvater ließ es mit dem Schürgerät aus der Feuerbüchse herausangeln und nahm dann das ausgeglühte Stück Blech mit nach Hause. Ich nahm es eines Tages mit in die Schule, erzählte in einer Freistunde meine Geschichte und alles lachte und tobte. Aber um das Gesamterlebnis wurde ich schon beneidet, denn wo konnte man schon eine Lok besteigen und auf »große Fahrt« gehen?

Es hatte eben nicht jeder einen Großvater wie ich. Freilich war er damals schon Pensionär, aber einem altgedienten Fahrensmann erfüllten die zuständigen Eisenbahner schon einmal einen solchen Wunsch. Die Kiste nahmen wir seinerzeit nicht mehr mit nach Hause. Wir zertraten sie nach Gebrauch und sie fand ihr Ende in trauter Eintracht mit dem Schaufelstiel in der Feuerbüchse.

Die Hasen kamen erst einige Tage danach. In der Hungerzeit stationierten wir sie auf dem Balkon. Und da sie beide sehr kratzten, aßen wir sie schließlich mit Genuß.

Noch heute erinnere ich mich immer wieder gerne an diesen Tag, an dem ich Großvater und sein Dampfroß mit eigenen Sinnen erleben durfte.

Schönes und Unschönes ...

So eine Lokführer- und Heizerlaufbahn ist schon etwas Besonderes. Wer wie Richard Richter mit offenen Augen und Neugierde seinen Dienst versah, der konnte in diesem Beruf viel erleben. Überall gab es Neues zu sehen, man mußte nur einen Sinn dafür haben. Und Großvater hatte ihn. Nicht selten führten ihn seine Dienste ins böhmische Eger. Das waren immer schöne und interessante Fahrten, denn dort gab es viel zu schauen. Da waren einmal natürlich die fremden Maschinen. Hervorragende Dampfloks wurden in Böhmen gebaut. Die technischen Raffinessen fand Richard Richter gern heraus, waren sie doch die Rosinen im Kuchen des Lokomotivbaus, in Deutschland wie anderswo. Jede Lok trug die Handschrift ihres Konstrukteurs, denn alle Ingenieure hatten von ihren Maschinen bestimmte Vorstellungen. Das gefiel Großvater.

Aber er erinnerte sich auch an die Kleinigkeiten am Rande des Bahndammes: Die böhmischen Wälder waren immer voller Wild. Ich kann mich an besonders viele Rehe und Hirsche erinnern, aber einmal stand auch ein Bär am Gleis. In der warmen und schneefreien Jahreszeit sahen wir die Tiere selten, aber mit dem ersten Schnee fanden wir stets ihre Spuren und sahen, daß sie auch häufig die Gleise kreuzten. Oft waren wir auf der Strecke auch als Lokzug unterwegs, wenn wir einen Zug abholen sollten oder nach getaner Arbeit alleine zurückfuhren. Diese Fahrten genoß ich besonders, der Heizer hatte leichtes Arbeiten, und wir konnten hier und da auch mal zwei, drei Minuten halten. Von diesen Fahrten brachte ich dann öfter einige frisch geschnittene Pilze mit, die wir uns im Wald nahe des Bahndammes geholt hatten. Waren wir mit einem Zug unterwegs, ging das ja nicht, aber wenn wir Lz fuhren, holten wir den »Pilz-Aufenthalt« mit anschließendem straffen »Zylinderputzen« stets wieder ein.

Aber dann gab es auch unschöne Erlebnisse. Und auch davon erzählte uns Großvater immer wieder. Dann wurde sein Gesicht nachdenklich und manchmal auch zornig. So erzählte er einmal von einem jungen Kollegen, der den Übermut anderer mit dem Leben bezahlte. In der Zwickauer Eisenbahnwerkstatt hatten ihm Kollegen mit dem Luftdruck aus einem Preßluftschlauch den Darm zerrissen – niemand konnte ihm mehr helfen. Jung war er, fleißig war er. Er hatte Lokführer werden wollen. Großvater trug ihn mit zu Grabe.

Ein anderes Mal erzählte er uns von den Schattenseiten des Eisenbahnbetriebes:

»Ich fuhr oft auch die Hilfszüge, also jene kurzen Züge, die viel technisches Gerät, samt Mannschaft, zu einer Unfallstelle hinbrachten. Wenn wir einen Hilfszugeinsatz hatten, bedeutete dies meist, das etwas geschehen war. Und es waren meist keine freudigen Anlässe, die den Hilfszug nötig machten. Ein Unfall, eine Entgleisung, aber auch mal umgestürzte Bäume oder Gleisverwerfungen. Auch wenn es oft unschöne Begleitumstände waren – ich fuhr die Hilfszüge gerne, denn sie hatten nicht viel Last und überall Vorrang. Außerdem war ich dann häufig nicht allein auf der Lok, die Kollegen aus der Werkstatt oder ein zweiter Lokführer samt Heizer kam auf den Führerstand. Manchmal bot sich dann die Gelegenheit zu einem fachlichen Schwatz, außerdem konnte man sich dann im Dienst abwechseln und wir konnten mal etwas essen oder trinken. Schließlich waren Hilfszugeinsätze oft Extraschichten, denn Personal war schon damals knapp. Und wenn man nach einer regulären Schicht gleich noch einen Hilfszugeinsatz hatte, von dem man ja vorher nie genau wissen konnte, wie lange er dauern würde, war man froh, wenn man nicht allein war. Auf der Hilfszuglok mußte es meist schnell gehen, da rissen wir schon mal den Regler auf, denn das Ziel sollte so rasch wie möglich erreicht werden. Dort war das Heranrangieren oft nicht einfach. Die schwere Technik für die Unfallräumung sollte einen kurzen Weg haben. Ja, das war harte Arbeit. Die schweren Winden, die Unterleghölzer wollten ausgeladen und angebracht sein, egal, ob in der Glut der Sonne, bei Regengüssen, bei Gewittern oder bei Frost, Eis und dicken Schneeschichten auf dem Schienenstrang. Da mußte man aufpassen, daß eine unter Last stehende Winde nicht wegknickte, sie sich als Ziel nicht unsere Körper aussuchte.

War nur ein leerer Wagen entgleist, dann war das eine einfache Sache. Aber wehe, wenn eine Dampflok einen Prellbock überfahren hatte, und dann fünf oder auch schon mal zehn Meter darüber hinaus geschossen war und so gar kein Gleis mehr unter sich hatte. Da wurden wir als Hilfszugbesatzung auch schon mal komplett ausgewechselt, weil wir zum nächsten Dienst gar keine Pause gehabt hätten. Zum Glück standen die Prellböcke in den Bahnhöfen immer so, daß sie bei einem Unfall den Zugbetrieb nie gänzlich behinderten.

Als ich schon einige Jahre Lokführer war, war mir das auch einmal passiert. Mit meinem »Rollwagen«, der späteren Baureihe 38, war ich in Zwickau auf den Prellbock gefahren. Zum Glück rutschte er nur ein gutes Stück weiter, die Lok blieb aber auf dem Gleis. Damals hatte der Heizer, auch ein Neuling, den Kessel mit zuviel Wasser gefüllt. Da besteht dann die Gefahr, daß man nicht nur Dampf aus dem Dampfdom bekommt, sondern auch einen Schwapp Wasser. »Überreißen« nennt man das, und dieses Überreißen von Wasser hatte zur Folge, daß die Triebwerke der Lok für kurze Zeit unbeherrschbar wurden. Selbst der volle Zugriff der Bremse brachte die Lok nicht zum Stillstand. Mir riß die Lok das Wasser über, als ich es gar nicht erwartete, und so ging es mit einem sehr heftigen Aufprall ungewollt auf jenen Prellbock auf der Güterzugseite des Bahnhofs Zwickau. Wie gesagt, viel passiert ist seinerzeit nicht, der Prellbock rutschte, aber er tat das, wozu er gedacht war: er hielt die Lok an und im Gleis. Zu Opfern dieses Malheurs allerdings wurde damals eine Mäusefamilie, deren trautes Heim im Prellbock gewesen war. Ich sah sie beim Aufprall aus ihrem Domizil fliehen. Wir hatten ihr Quartier, bestehend aus Erde und Steinen, Holzbalken und zwei damals zierlichen Puffern, doch sehr durchgeschüttelt. Kaum zu glauben, welch eine große Mäusefamilie ein Prellbock zu beherbergen vermag. Ich sehe sie heute noch fliehen ...«

Der Abschied naht

Wieder einmal war ein Jahr zu Ende gegangen, wir schrieben mittlerweile das Jahr 1933. Seit einiger Zeit erlebten wir Großvater häufiger als sonst sehr nachdenklich. Immer öfter gönnte er sich eine Erholungspause vom Alltag und zog sich in seinen Ohrensessel zurück. Die Standuhr schlug laut, aber er hörte sie immer leiser, und so rührte seine Nachdenklichkeit wohl aus der Erkenntnis, daß sich seine Laufbahn bei der Eisenbahn dem Ende zuneigte. Längst schon war sein Sohn Herbert flügge geworden, hatte sein Ingenieurzeugnis als Maschinenbauingenieur in der Tasche und bewarb sich bei der Eisenbahn. Wo waren all die Jahre hin? Sie waren buchstäblich auf der Strecke geblieben und ebenso rasch vergangen wie so manche Zugfahrt.

Immer öfter saß er nun da und ließ seinen Gedanken freien Lauf und wenn ich, sein Enkel, Zeit fand, dann ging ich zu ihm, um ihm zuzuhören. Ich brachte ihm dann einen Kräuterlikör oder eine Flasche Birkenhaarwasser mit und meist ließ er sich dann auch nicht lange bitten.

Und dann erzählte er mir von seinen ersten Lokfahrten, den Streckenkundefahrten mit einem erfahrenen Lokführer. Immer wieder hatte sich Großvater die markanten Punkte im Streckenverlauf eingeprägt, vor allem jene, wo ein Vor- oder

Hauptsignal stand, wo der schwere Güterzug Schwung holen mußte oder auch jene, von wo aus der Lokführer gut erkennen konnte, ob die Schranke geschlossen oder noch offen war. Es passierte ihm oft, daß Schranken nicht geschlossen waren, wenn er mit seinem Zug ankam. Vor allem auf dem Land, wo fast alle Schrankenwärter samt Familie zu viel Viehzeug hatten, von den Hühnern bis zu den Hasen und Schafen. Dadurch waren sie häufig abgelenkt, was freilich schlimme Folgen haben konnte. Dennoch, Großvater wußte um die Nöte der schlecht bezahlten Männer, die ihre Familien ernähren mußten, und so verzichtete er oft darauf, die vorgeschriebene Meldung »nach oben« zu machen, vor allem dann, wenn er beim Heranfahren bemerkte, daß sich die Schranken gerade schlossen. Kam das freilich öfter vor, dann kannte er keine Gnade, denn seine Züge fuhren schon einen »ganz schönen Stiefel«, wie er immer sagte. »Und mir Flachstellen in die Radreifen der schönsten Lok wie den „Sachsenstolz" zu reiben, das ging mir bei solchen Nachlässigkeiten dann doch nicht in den Kopf.«

Ja, er hatte immer etwas zu erzählen in jenen Jahren, als seine Gesundheit langsam nachließ. Einmal erklärte er mir: »Fahren, wenn man es kann, ist sicher nicht das Größte. Es ging fast immer um das richtige Verhältnis zwischen Kohle, Wasser und Dampf. Und in Rußland auch um Holz, denn da feuerten wir schwere Holzstämme. Meterknüppel sagten wir dazu. Und welche Mengen wurden da verfeuert!? Und sie gingen in die Arme, denn es steckte viel Wasser drin. Aus dem Wald, auf die Lok, in die Feuerbüchse, durch urig enge Feuertürrahmen. Gab es da mal Dampfmangel, und der war nicht selten, dann hielten wir halt an. Und in ganz großer Not schöpften wir mit Eimern auch Wasser aus einem Bachbett neben dem Gleis, hoben sie, mehr oder wenig Wasser verlierend, mit Helfern hinauf in die Tenderöffnungen. Und waren wir damit fertig, dann zogen wir Po wie Brüste, Beine wie Hände auch durch das herrlich frische Wasser. So mußte eine Wiedergeburt aussehen!«

Ein anderes Mal erzählte er aus seinen ersten Jahren: »Am Beginn meiner Laufbahn hatte ich so meine Probleme. Etwa jene mit dem Kesselüberdruck. Ich dachte immer, wenn die Ventile sich oben auf dem Lokkessel wieder schließen, muß der Druck doch wieder voll auf die Kesselwände gehen, auch auf das Wasserstandsglas auf dem Führerstand. Platzte letzteres, dann konnte es für uns schlimme Verbrühungen geben. Später kam dann noch eine besondere gläserne Schutzhülle drüber. Deshalb habe ich alle meine Loks gern mit einem guten Kesseldruck geführt, aber ungern den Überdruck erlebt. Donnerten die Dampfstöße bei einem Halt vor Signalen laut in die Nacht, bei Schneefall und gestörten Weichen auch am Tag, habe ich dies ungern wahrgenommen, aber mich mutig gezeigt. Ich hatte vor einem Kesselknall Angst, wie eben auch vor einem Treibstangenbruch, einem Gegenzug, einer Einfahrt in den Bahnhof, wo das Gleis schon besetzt war, wie vor offenen Schrankenbäumen hier und da.

In meiner Laufbahn kam die Gefahr kaum von vorn, immer nur von hinten. Und sie war hinterhältig, weil wir da nicht notbremsen konnten, sondern unvermittelt fliehen mußten, das letzte aus der Lok herausholend, oft mit Entgleisungsgefahr für das Gefährt und den Wagenzug.

Großen Respekt hatte ich auch vor der Prellbockreihe im Leipziger Hauptbahnhof, da schlich ich lieber mit meinem Personen- oder Schnellzug hinein. Nur nicht diese Prellböcke „küssen", oder sie gar verschieben.«

Stets hörte ich Großvater mit großen Ohren zu, denn was konnte es für einen jungen Eisenbahner Besseres geben, als die Erfahrungen eines alten Fahrensmannes aus »erster Hand« zu bekommen. Freilich, es waren nicht immer verklärend romantische Dampflokgeschichten, die ich zu hören bekam. Nein, sehr oft berichtete Großvater von den Mühen und Entbehrungen der Dampflokzeit, von der Schinderei auf dem Führerstand oder von anderen Sorgen.

»Weißt Du«, sagte er einmal, »wenn wir nach Reichenbach hinauffuhren, habe ich dem Heizer schon auch mal die Schaufel aus der Hand genommen, wenn das nächste Signal weit genug weg war, wie etwa nach der Ausfahrt aus einem Bahnhof. Mir war da mein heller Hemdkragen ganz egal. Auch was Lokführerkollegen dazu sagen würden, daß ich nicht „standesgemäß" handelte, war mir gleichgültig. Meine Heizer waren schließlich auch nur Menschen. Oft hatten sie viele Kinder zu Hause, die versorgt werden wollten. Und wo die Not am größten war, da gab ich auch mal zehn oder zwanzig Mark Kredit über einige Monate ab. Oder mein Heizer bekam vom überfahrenen Wild das ganze Stück, um die hungrigen Mäuler zu stopfen. wir hatten alle tüchtig zu kämpfen, aber wir waren Kameraden und halfen einander, so gut es ging. Und siehe da, fiel bei ihm dann die Obsternte groß aus, bekam ich zum Ausleihgeld auch viel Obst.

Machte mein Heizer mal etwas falsch, dann belehrte ich ihn kaum von oben herab, sondern sachlich. Den Rest sollte er aus meinen Gesichtszügen ablesen, die dann schon etwas kantiger wurden – das mußte reichen.

Es gab auch Situationen, die ein Heizer gar nicht allein packen konnte. Wenn ich nur an die Kohle denke... Da gab es Kohlesorten, die eigentlich den Namen Kohle gar nicht verdienten. Da polterten am Kohlebunker die Brocken in den Tender und wenn man genau hinsah, waren die größten Brocken nichts anderes als Steine. Dann half alles Zaubern nicht mehr, dann sank der Dampfdruck rasch, ein Anblasen hatte gar gar keinen Sinn. Wie machtlos waren wir dann vor den Feuertüren. Gemeinsam sortierten wir dann die größten Brocken aus, um überhaupt feuern zu können. Wenigstens waren wir nicht die einzigen, denen es so erging, auch die anderen Lokpersonale hatten ihre Not damit. Da half dann nur, in Zukunft beim Kohleladen aufzupassen und wenn nötig, selbst Hand anzulegen.«

Am 1. Dezember 1935 trat Großvater Richard Richter in den Ruhestand. Fast dreissig Jahre war er als Lokführer gefahren, und obwohl der Dienst hart und entbehrungsreich war, hat er sich bis zum letzten Tag seine Liebe zu seinem Beruf erhalten. Großvater war Eisenbahner mit Leib und Seele. Vielleicht gelingt es diesem Büchlein, beim einen oder anderen Leser eine ähnliche Begeisterung für die Eisenbahn zu wecken. Großvater würde sich freuen.

Großvater schaufelt ein Grab

Längst hatte der Zweite Weltkrieg auch Zwickau heimgesucht und ein Bild der Verwüstung hinterlassen. Bomben hatten den Bahnhof zerstört, die Schäden gingen ins Unermeßliche und zahllose Eisenbahner hatten in Ausübung ihres Dienstes ihr Leben gelassen. Und jeden Tag konnte es auch uns treffen. Daher beschloß mein Vater eines Tages, wenigstens ein paar Dinge, die für uns alle wertvoll waren, in Sicherheit zu bringen, so gut es eben ging. Dazu gehörte seine große, wertvolle Briefmarkensammlung, das Familiensilber – und meine Märklin-Modelleisenbahn. Vater sagte, daß er die Sachen auslagern wolle, wohin, das verriet er mir nicht, aber ich stimmte ihm dennoch zu, denn es war ja entschieden besser, die Sache waren irgendwo gut aufgehoben, als daß sie zu Hause durch den Krieg zerstört würden. Es waren immerhin vier Lokomotiven und etwa zwanzig Güter- und Personenwagen in Spur 00, die Vater eines Tages in einem großen Koffer verstaute.

Mit diesem fuhr er dann zum Großvater nach Glauchau. Hätte ich gewußt, was die beiden vorhatten, hätte ich vermutlich Einspruch erhoben, aber einstweilen blieb mir das ganze Unterfangen verborgen.

Großvater hatte in seinem Garten hinter dem Haus schon einige Tage zuvor begonnen, eine Grube auszuheben. Den Nachbarn, denen dies natürlich nicht verborgen blieb, erklärte er, daß er einen großen Komposthaufen anlegen müsse. Bislang hätte er die Abfälle getrocknet und verbrannt, aber nun habe der Ofen keinen Zug mehr, daher müsse das Zeug anderweitig beseitigt werden und deshalb lege er nun einen Komposthaufen an.

In Wahrheit jedoch sollte diese Grube gewissermaßen die Ruhestätte für die Familienschätze und für meine Eisenbahn werden. Und so geschah es dann auch. Nachdem mein Vater mit den Sachen bei Großvater angekommen war, wickelten die beiden Männer das Tafelsilber und die Eisenbahn in Ölpapier und steckten alles dann noch in große Dosen Marke »Kaisers Kaffeegeschäft«. Im Schutz der Dunkelheit schließlich begruben die beiden unsere Schätze in Großvaters Garten. Dann schütteten sie das »Grab« mit Erde auf und schließlich wurde das Werk mit den Küchenabfällen gekrönt.

Am nächsten Tag schließlich zimmerte Großvater mit viel handwerklichem Geschick eine Umzäunung. So wurde aus meiner Märklineisenbahn nun eine »Untergrundbahn«, von der ich allerdings gar nichts wußte. Denn da die beiden Männer wohl ahnten, daß ich, wenn ich es erfahren hätte, gebettelt hätte, sie sofort wieder auszugraben, griffen sie zu einer Notlüge. Die Eisenbahn sei, so der Vater, zu Bekannten am Rhein versandt worden, denn dort fielen keine Bomben.

In der Zwischenzeit war allen klar geworden, daß Deutschland diesen Krieg verloren hatte. Was würde aber mit den Werten werden, wenn die Sieger kamen? Einige Monate später war es soweit, zuerst zogen die Amerikaner in Zwickau und auch in Glauchau ein und Großvaters schmuckes Häuschen mußte nun wie viele andere auch als Quartier für die Sieger herhalten. Der Komposthaufen war oft dicht umlagert, denn hier war die »Raucherecke«. Aber keiner ahnte etwas von der Untergrundbahn – Gott sei Dank. Nur die Briefmarkensammlung blieb nicht lange verborgen. Aus Angst vor der Feuchtigkeit hatten Vater und Großvater sie nicht in das Kompostgrab gelegt, sondern in alte Dachpappe gewickelt und unter dem Spitzdach versteckt. Dort wurde sie von den Amerikanern gefunden. Verständlicherweise stieß die Sammlung bei den Soldaten auf großes Interesse und da sowohl Vater als auch Großvater im Jahre 1935 viele Briefmarkensätze anläßlich »100 Jahre Deutsche Eisenbahn« erworben hatten, fiel es den beiden nicht schwer, den Männern aus Übersee einige davon zu geben.

Den Amerikanern folgten die Russen, aber auch sie ließen das Kompostgrab unbehelligt. Und dann, eines Tages, schritten Vater und Großvater zur Exhumierung. Allerdings gruben sie zunächst nur die »Silberbüchsen« aus, die Untergrundbahn blieb, wo sie war, denn sie wollten mir mit deren »Entdeckung« eine Freude machen.

Eines schönen Tages drückte mir Großvater einen Spaten in die Hand und sagte, ich solle in den Garten gehen und nach Würmern graben, die er zum Angeln benötige. Würmer, Angeln – ich muß wohl etwas irritiert gewesen sein, denn bis dahin war mir nicht bekannt, daß ein Mitglied unserer Familie je unter die Petrijünger gegangen war. Und schließlich hatte Großvater sein Häuschen nebst Garten wieder in alleinigem Besitz, die Pflanzen standen in schönster Pracht und warfen reiche Erträge ab, wozu also Fische fangen.

Nun gut, ich tat dennoch, wie mir geheißen – und es kam alles so, wie sich Vater und Großvater das gedacht hatten. Ich stieß bald auf die große Blechdose und barg sie, öffnete sie, fand die in Ölpapier eingewickelten Gegenstände und packte sie aus. Meine Freude, als ich meine Eisenbahn zum zweiten Mal geschenkt bekam, war unbeschreiblich, aber mindestens genau so groß war Großvaters Freude über die gelungene Überraschung.

Und die Regenwürmer? Damit haben wir bei einem Spaziergang nur die Fische gefüttert. Und die Sache hatte keinen Haken.

Mit den Russen, die eine Zeitlang bei ihm wohnten, hatte Großvater übrigens auch eine nette Überraschung erlebt. Als nämlich einer der Offiziere mitbekam, daß Großvater früher Lokführer gewesen war, bat er ihn, mit ihm doch einmal auf den Glauchauer Bahnhof zu gehen, er wolle die Dampfloks ansehen. Großvater war erstaunt, aber warum auch nicht? Er tat es, und so gingen die beiden also zum

Bahnhof und ins Betriebswerk. Großvater war zwar schon einige Jahre Pensionär, aber im Betriebswerk waren ja noch viele Kollegen von ihm tätig, und so konnte er ohne weiteres auf die Lokomotiven. Also kletterten der Russe und Großvater auf eine Maschine – und siehe da, der Offizier übernahm den Regler und fuhr die Lok, als hätte er nie etwas anderes getan. Nun, zunächst war Großvater sehr überrascht, aber des Rätsels Lösung war einfach. Der Russe war im zivilen Leben ebenfalls Lokführer und fuhr normalerweise in der Heimat auf Dampfloks rund um Moskau.

Für Großvater war dies einer der letzten Schritte auf die Dampflok, die Zeit auf dem Führerstand war vorbei. Meist genügte es ihm, wenn er der Arbeit der Drehscheibenwärter oder der Schuppenheizer zuschauen konnte. Interessiert beobachtete er auch, wie der Kohlenkran die Loks aller Baureihen bediente, wie es da auch mal Kollegenkrach gab, wenn eine Lok mit einem leeren Tender es eilig hatte und die Vorfahrt an die Kohle erbat oder gar mit einem Wortgefecht der Personale erzwang. Aber selber auf den Führerstand ging er nur noch selten. Es blieben ihm ja seine Erinnerungen, und die konnte ihm keiner mehr nehmen.

Das Land der Brücken

In kaum einem anderen Landstrich gab und gibt es so viele Eisenbahnbrücken wie in Sachsen und im Vogtland. Und zeit seines Lebens hatte Großvater zu Brücken eine besondere Beziehung. Wenn er mit seinem Dampfroß über die vielen Viadukte Sachsens fuhr, bedauerte er manches Mal, daß er von oben von deren Schönheit nichts sah. So etwa, wenn er über die Göltzschtalbrücke dampfte. Schnurgerade führte der Schienenstrang auf ihr über das Tal hinweg, er war hier besonders überwacht. Hier durfte es keinen Schienenbruch und keine Gleisverwerfung geben. Über diesen und auch die anderen Riesen mußte der Schienenverkehr besonders gut rollen, und das tat er auch. Auf der Lok spürte er gar nicht, wenn der Zug auf die Brücke rollte.

Das war auf den eisernen Talübergängen ganz anders. Fuhr er zum Beispiel über den Markersbacher Viadukt, dann fühlte er sich schon manchmal sehr unwohl. Er meinte das Zittern im Brückenstahl zu verspüren, egal ob die Lok im »Watschelgang« daherkam oder einen guten Geradeauslauf hatte.

»Wenn die Kinder etwas größer wären, dann würde man zu der weltgrößten Ziegelbrücke, sie ist es damals wie heute, einen Ausflug machen, damit man sie endlich einmal in all ihrer Pracht bestaunen könnte« dachte sich Großvater so manches Mal. Und tatsächlich, eines Tages pilgerte die ganze Familie ins Göltzschtal. Alle waren wir begeistert darüber, was Baumeister und Bauarbeiter da in die Landschaft des Vogtlandes gestellt hatten. Auch der Regen konnte die Begeisterung nicht trüben, im Gegenteil: Während Stahlbrücken immer wieder einen schützenden Anstrich gebrauchen, der einige Kesselwagen an Farbe verschlingt, braucht eine Ziegelbrücke, noch dazu aus hartgebrannten Ziegeln und Natursteinen, so etwas nicht und wirkt gerade nach einem Gewitterregen, wie soeben geboren. Dann kam die Sonne wieder heraus und nun wölbte sich über der Brücke auch noch ein Regenbogen. Großvater geriet ins Schwärmen:

»Diese Pracht, Brücke und Regenbogen. An Regenbogen, ob nun groß oder klein, konnte ich mich meine ganzen Dienstjahre über erfreuen. Ob nun in Rußland oder 1918 in Frankreich, die Farben waren immer gleich. Aber gerade hier sah ich wohl die allerschönsten Regenbogen über den Vogtlandhügeln auf der Fahrt nach Plauen, Hof und weiter nach Franken hinein.«

Oft hatte Richard Richter die Baureihe 38 unter seinen Füßen. Eine seiner ersten Loks war die sächsische 38 gewesen, die, 1910 bei Hartmann in Chemnitz gebaut wurde. Später fuhr dann natürlich auch die legendäre preußische P 8, schon 1905 von Robert Garbe entworfen. Eigentlich hätte sie wohl eine Schnellzuglok werden sollen, aber schließlich wurde sie zum »Mädchen für Alles« und erfüllte viele Aufgaben. Mit ihrem Kuppelraddurchmesser von 1590 mm griff sie auch auf Bergstrecken gut auf die Gleise, die Firma Schwartzkopff war es zufrieden, daß diese Lok ein Erfolg war. Von beiden Typen gibt es übrigens noch heute Exemplare, die P 8 gleich mehrfach. Die letzte sächsische XII H 2, die 38 205, machte erst unlängst ihre letzte Fahrt. Sie war noch lange nach Richard Richters Zeit in Betrieb, erst im Jahr 1968 schied sie in Nossen aus dem aktiven Dienst. Danach gab es mit ihr noch viele Sonderfahrten, mit Scheinanfahrten hier und da, mit glücklichen Fotografen und auch Videofilmern aus vielen Ländern.

»Diese Lok war robust und zuverlässig, aber kein Renner in dem Sinn« sagte Richard Richter über den »Rollwagen«. »Ich war richtig zufrieden, wenn wir mit mäßiger Fahrt über die Vogtlandbrücken fuhren, wenn bei der Fahrt über die Elstertalbrücke genau in dem Moment unter uns ein zweiter Dampfzug auf der Elstertalbahn durch die Brücke fuhr und uns seinen hellen oder etwas dunkleren Qualm nach oben schickte.

Dann ging es auf die Göltzschtalbrücke. Wie mochte wohl das kleine Mädchen da unten heißen, das uns mit einem Tuch zuwinkte? Wenn wir nachts über die Brücke fuhren, freuten wir uns über die hell leuchtenden Fenster unter und neben der Brücke, die zu uns empor grüßten, so als ob sie uns sagen wollten: ‘Habt acht, daß ihr da oben nicht verunglückt. Aber ich hatte keine Sorge, denn ich bin mit meinem Sohn Herbert einmal die Brücke abgelaufen. Und wir gewannen beide den Eindruck, nein, jeder Stein sagte es uns: 'Auf uns könnt ihr Euch verlassen, wir halten fast zusammen!'«

Als ich, der Enkel, erst unlängst dort war, nun wieder mit meinen Enkeln, ging es mir genauso wie damals dem Großvater. Staunend und voller Respekt betrachteten wir das Bauwerk, auf dem längst moderne Züge rollen. Und wir freuten uns, daß sie nun endlich wieder Bindeglied im durchgehenden Verkehr ist. Ich hatte nie verstanden, daß wenige Kilometer weiter für mich und die junge Familie die Reise zu Ende war, weil Deutschland Jahrzehnte geteilt war. Und wenn heute DB-Dieselloks mächtig schnell und kräftig daherkommen, da kann man sich nur wünschen, daß das auf ewig so bleibt.

Auch dem Hetzdorfer Viadukt bei Freiberg stattete Großvater einen Besuch ab und gemeinsam mit meinem Vater besuchte er als Pensionär auch das Werdauer Dreieck, ein Gleisdreieck, das die Strecken Leipzig–Hof und Hof–Zwickau–Chemnitz miteinander verbindet. Mitten in dem Bogendreieck steht ein kleines Gebäude in der Landschaft, von wo aus das Personal rund um die Uhr für einen sicheren Zugbetrieb sorgt. Das Gleisdreieck wurde früher oft zum Wenden von Zügen verwendet, insbesondere für Wagen mit langen Alt-Schienen, die aus den Hauptstrecken wegen Abnutzung ausgebaut worden waren, aber auf Nebenbahnen noch weiterverwendet werden sollten. Dafür war das Dreieck ganz ideal. In Minuten waren die geladenen Schienen gedreht und liefen wieder der jeweiligen Bahnmeisterei zu. Da erinnerte sich Großvater daran, daß er hier auch eine seiner letzten Fahrten auf dem Führerstand erlebte. Als er nämlich auf die Pension zuging, weil seine Hörkraft sehr nachließ, da erfüllte ihm das Bahnbetriebswerk Glauchau einen Wunsch. Er wollte mit seinem Sohn Herbert zusammen einmal die Baureihe 43 oder 44 führen dürfen. Eines Tages war es dann soweit, in Zwickau stieg er auf eine dieser Loks und mit dem Planpersonal ging es in Richtung Reichenbach–Plauen davon.

»Ich war sehr stolz, denn mein Sohn Herbert führte den Zug ab dem Bogendreieck nach Neumark hinauf, kraftvoll und geschickt wie ein Alter. Ich bat mir die Fahrt über die Göltzschtalbrücke aus, auf der Lokführerseite. Ich brauchte ja nichts zu tun, die Triebwerke arbeiteten sehr kräftig. Welch ein Genuß, mehr Kraft zu haben, als eigentlich erforderlich war. Und als ich vom Führerstand wieder abstieg, da dachte ich: ‘irgendwie war ich zu früh Lokführer geworden’. Doch als dann der Zweite Weltkrieg ausbrach, sah ich das anders. Lokführer in diesem Krieg zu sein, das war auch alles andere als ein Vergnügen, wenn ich mir so die Wunden in Chemnitz, Dresden und Zwickau oder auch am Anhalter Bahnhof in Berlin später mal anschaute ... Und so war ich am Ende dann doch ganz zufrieden, denn ich hatte viele schöne Jahre auf dem Führerstand verbracht.«

Großvater als Lebensretter

Zwickau im Jahr 1946. Zehn Jahre war Großvater bereits im Ruhestand. Unsere ganze Familie wohnte in einem Dienstgebäude unmittelbar am Hauptbahnhof, mein Vater war Leiter der Signal- und Fernmeldemeisterei. Der Krieg hatte überall seine Wunden hinterlassen, und wie überall, so hatte auch in Zwickau der Bahnhof mit seinen Gleisanlagen in besonderem Maße unter den Bombenangriffen gelitten, zumal in unmittelbarer Bahnhofsnähe eine Flugzeugfabrik gewesen war. Ihr galten die meisten Angriffe, aber so manche Bombe verirrte sich bis hin zu den breitgefächerten Gleis- und Bahnhofsanlagen des Hauptbahnhofs, die sich auf einige Kilometer erstreckten.

Hier hat mir mein Großvater in einer eiskalten Winternacht das Leben gerettet, und weil das Erlebnis letztlich mit der Dampflok zu tun hat, gehört es auch in dieses Buch.

Wir Buben hatten entdeckt, daß da auf dem Hauptbahnhof viele schadhafte Lokomotiven abgestellt waren. Jede hatte einen anderen Schaden, da gab es aufgerissene Zylinder, fehlende oder krumme Treibstangen, Kesselschäden - kurz, es war so ziemlich jede Art und Schwere der Beschädigung vorhanden. Für den Freund der Dampfrösser boten die waidwunden Maschinen einen traurigen Anblick, aber für uns Jungs war dies ein idealer Spielplatz. Kein Wunder, daß wir uns dort herumtrieben. Dann öffneten wir die Feuertüren und krochen in die feuerlose Lok hinein. Welch ein großer Raum nur die Feuerbüchse war. Und auch die Rohrsysteme beeindruckten uns schwer. Hier loderte also die Kohle und rang dem Heizer viel Schweiß ab, hier wurde mit Luft das Feuer großgezogen, hier wurden mit langen Schürhaken Schlackeschichten aufgerissen, wenn der Sauerstoff im Feuerbett knapp wurde oder die Kohle schlecht war. Hier mußte man perfekt sein, wenn die Züge volle Last am Zughaken hatten, es bergauf ging, wenn die Räder die Loks auf herbstnassen Schienen schleuderten.

Stück für Stück lernten wir die Maschinen kennen. Wir kletterten auf den Kesselumlauf und öffneten mit viel Kraft die Rauchkammertür. Dort vertrieb uns aber der Gestank bald wieder. Angenehmer war es auf dem Führerstand, auf dem wir immer wieder Lokführer spielten. »Einfahrt frei«, »Ausfahrt frei«, so machten wir es den Männern vom Flügelrad nach. Doch kein Instrument winkte uns mit den Zeigern zu, nichts ruckelte, kein Schienenstoß klopfte von unten an die Lok, keine Weiche mit engem Radius drückte uns in die Ecke. Es blieb stets eine stumme Lok, und überall, wo wir hinfaßten, fühlten wir die Kälte des Eisens.

Einmal leckte ich mit der Zunge vorwitzig an einem blanken Eisen – und klebte fest... Ich konnte weder rufen noch weglaufen. Erst nach vielen Minuten kam ich frei, weil ein zufällig vorbeilaufender Eisenbahner aus seiner Thermosflasche etwas Warmes auf meine Klebestelle schüttete. Durch das ständige Spielen mit den abgestellten Lokomotiven gewannen wir die größte Hochachtung für jene Männer, die diese Maschinen mit Wasser und Kohle in Betrieb setzten, die die vielen Ölstellen kontrollierten, nach Rissen im Metall schauten, etwa in den Federn der schweren Lok – und die auch etwas Angst hatten, zum Beispiel vor einem Treibstangenbruch. Davon hatte mir mein Großvater schon öfter erzählt. Von ihm wußte ich auch, daß es einen Fangbügel gab, der im Falle eines Bruchs die Treibstange davon abhalten sollte, ins Gleisbett zu fallen. Doch nicht immer mußte der Bruch da erfolgen, wo der Fangbügel angebracht war. Wenn sie an anderer Stelle brach und sich ins Schotterbett bohrte, konnte sie die ganze Lok umwerfen. Und das bei voller Fahrt, mit 70 oder 80 km/h, hintendran ein Personen- oder Schnellzug. Kein Wunder, daß Großvater immer wieder sagte: »Davor hatte ich immer Bange. Lieber eine andere Sache, aber niemals dies.« Nun, ihm ist dieses Erlebnis in seiner Laufbahn erspart geblieben, einem Kollegen von ihm war dies allerdings um 1920 einmal passiert. Großvaters Erzählungen sorgten dafür, daß den Treibstangen immer mein ganz besonderes Augenmerk galt. Allerdings, bei »unserer Lok« konnte nichts passieren, denn sie war ja kalt.

Wir waren damals in einem Alter, in dem man allerlei Unfug anstellt – und in dem man üblicherweise auch die ersten Zigaretten probiert. Und dafür boten sich die abgestellten Stahlrösser geradezu an. Wir suchten eine windgeschützte

Stelle. Auch sollte man besser nicht gesehen werden. Doch wohin? Wo konnte man sich ungesehen eine Zigarette anzünden? Richtig, im Tender. Also öffneten wir den Wasserkastendeckel und leuchteten mit einer Taschenlampe hinein. O lala, war das tief! Hineinhüpfen konnte man schon, aber wie dann wieder herauskommen? Wir mußten am ersten Rauchertag unsere Glimmstengel also auf dem Führerstand rauchen. Immerhin kam so endlich etwas »Dampf« auf die Lok, im Übrigen fühlten wir uns nun den Heizern und Lokführern näher, denn die rauchten ja auch, wenn sie eine Fahrpause hatten.

Für weitere Rauchabenteuer beschlossen wir, uns eine kleine Leiter zu bauen. Zwei lange Stützen mit Querlatten, das mußte doch funktionieren! Wie gedacht, so geschehen, schon bald war unsere primitive Kletterhilfe fertig – mir hätte ihre »Leichtbauweise« allerdings beinahe den Tod gebracht. Als wir das erste Mal in den wasserleeren Tender kletterten, da waren wir in einer ganz komischen Welt. Kräftige Zwischenbleche, damit das Wasser beim Anfahren oder Bremsen nicht so schwappte. Alles war so konstruiert, daß die Lokomotive den Tender fast »leertrinken« konnte. Um unser »Raucherzimmer« besser zu beleuchten, besorgten wir uns eines Tages eine Karbidlampe. Die hatte ich von Vater bekommen und den Karbid dazu. Es war eine richtige schmucke Zugführerlampe, sie stank tüchtig, aber sie brannte zuverlässig, wenn man zur rechten Zeit Wasser auf den Karbid nachtröpfelte, was allerdings auch eine Kunst für sich war. Aber schließlich hatten wir den Bogen raus, und da wir den Brennspiegel immer gut reinigten, hatten wir im Tender bald recht gute Sicht.

Eines Tages wartete ich vergebens auf meine Schulkameraden. Sie kamen nicht. Später erfuhr ich, daß sie auf dem Zwickauer Schwanenteich im Eis eingebrochen waren. So war ich allein auf »meiner« Lok, hatte für alle Zigaretten dabei, dazu die gut gefüllte Karbidlampe, einen Kanten Brot, von Muttern ein bißchen Fett gemopst - mit anderen Worten, ich war bestens für unsere Tenderrunde vorbereitet. Und just an diesem Tag ließen mich die anderen im Stich. Nun denn, schließlich kletterte ich mit Hilfe der neuen Leiter allein in den Bauch des Tenders und rauchte gleich zwei der Zigaretten. Es kam, wie es kommen mußte - mir wurde schlecht, nein, hundeelend. Nichts wie raus, nur frische Luft, und das schnell. Ich trug die Holzleiter wieder an die Tenderöffnung und stieg hinauf – da krachte es, die Sprossen trugen mich nicht mehr. Meine Füße sausten mit allen Querlatten durch und das tat auf dem harten Tenderboden auch noch weh. Die Leiter war hin, mir war schlecht, Hammer und Nägel hatte ich keine... Eine schöne Bescherung. Ich saß in der Falle. Ich hoffte, daß vielleicht meine Schulkameraden oder ein Eisenbahner vorbeikäme, aber die Hoffnung erfüllte sich nicht. Ab und an ein lauter Zug, nichts weiter. Einige Stunden saß ich so gefangen, eine Kirchturmuhr aus dem Zwickauer Ortsteil Marienthal verriet mir die Zeit zum Mitzählen genau.

Was würde jetzt zu Hause für Aufregung herrschen? Ich versuchte immer wieder, die Tenderöffnung im Sprung zu erreichen, aber es gelang mir nicht. Und nach all den Anstrengungen, dem Schwitzen, folgte nun schon fast ein kleiner Schüttelfrost.

Ich hatte aber nicht mit dem Scharfsinn meines Großvaters gerechnet. Großvater nämlich wußte von unserem Spielplatz, ihm hatte ich es einmal erzählt, und wer weiß, vielleicht war der alte Herr insgeheim sogar ein bißchen stolz, daß wir »seinen« Arbeitsplatz solcherart ehrten. Jedenfalls war er es, der bei Einbruch der Dunkelheit zu seinem Sohn Herbert, meinem Vater sagte: »Ich glaube, ich weiß, wo der Bengel ist. Bei den Loks. Komm, wir schauen mal nach!« Und bei klirrender Kälte gingen die beiden Männer nun los, jeder hatte einen Hammer und eine Taschenlampe bei sich. Unter ihren Füßen knirschte der kalte Schnee. Würden sie Erfolg haben?

Unterdessen fror ich weiter in meinem Verließ. Nur nicht einschlafen, dachte ich mir. Die Karbidlampe stank schon beträchtlich, sicher würde die kleine Flamme bald verlöschen.

Und dann, völlig unverhofft, hörte ich schon fast im Unterbewußtsein ein kräftiges Klopfen auf Metall, das immer näher kam und lauter wurde. Jetzt war die Karbidlampe verloschen, nur die eindringliche Duftfahne verriet noch ihr Dasein. Ob ich wohl ein Streichholz anreißen könnte, um kurz Licht zu machen? Oder würde es dann einen Knall geben, der auch mir die Luft nahm?

Nun hörte ich Schritte im Schnee, ohne zu ahnen, wem sie zuzuordnen waren. Dann das derbe, fast angsterfüllte rasche Klopfen an den abgestellten Dampfloks. Die Tender hallten nach, so, als ob sie antworteten: »Leeer, Leeer«.

Ich wollte rufen, aber mir schnürte es den Hals zu. Eine Erkältung war im Anflug.

Dann hörte ich das Klappen der Führerstandtür, das Schlürfen von zwei Paar Stiefeln.

»Ist da jemand?«

Und ob da jemand war. Ich, der Klaus, in einer eisigen Falle.

Ich klopfte mit einem Stück Holz von der zerbrochenen Leiter an die Tenderwand, das mußte doch nun gehört werden?

Dann kam oben zur Tenderöffnung ein Lichtstrahl herein, fast gespenstisch.

Sie hatten mich gefunden, und ich erkannte in den Gesichtern der beiden Erleichterung. In meinen Gliedern steckte Angst und auch die Kälte. Ich erklärte die Situation, dann purzelte ein Hammer herein, ich nagelte zwei Querlatten wieder auf, konnte so einen Schritt nach oben tun. Der Vater und Großvater packten mich. Großvater zog mit aller Kraft, der Vater packte mich an der Kleidung und dann war ich frei, frei unter einem eiskalten Himmel. Erst Tage später gab es das Donnerwetter, als mich das Fieber wieder freigab, als Mutter und Großmutter mir mit heißem Holundersaft die Lebensgeister zurückgegeben hatten.

Ohne den Großvater, der wußte, wo ich spielte, und ohne meinen Vater hätte ich keine Chance gehabt, zu überleben.

Immerhin hatte das Erlebnis eine durchaus angenehme Seite: Ich blieb mein Leben lang Nichtraucher!

Nachwort

Ich weiß nicht mehr, wie oft ich bei Großvater gesessen und ihm zugehört habe. Er hatte soviel erlebt und ich habe seinen Tier- und Eisenbahngeschichten stets gerne gelauscht, denn sie waren immer sehr interessant und nicht selten auch lehrreich. Schließlich war ich ja selber Eisenbahner geworden und hatte im Lauf meiner Dienstzeit schließlich ebenfalls eine Menge erlebt. Vieles von dem, was mir Großvater erzählte, war mir später ganz ähnlich auch vorgekommen.

Aber irgendwann kamen auch für ihn jene Jahre, wo es um die Mundwinkel sehr still wurde, das Alter forderte seinen Tribut. In den Jahren vor 1960 sagten die Ärzte noch, es sei eine Verkalkung im Gehirn, heute nennt man es Alzheimer. Freilich, für Großvater war der Alzheimer mehr Segen als Fluch. Der einst geistig so rege Mann wurde durch die Krankheit ganz sanft aus dem Leben geholt, Angst vor dem Sterben kannte er überhaupt nicht mehr und so dämmerte er sachte und friedlich in den Tod.

Seine Geschichten waren nun für immer zu Ende, mein Vater wiederholte sie ab und an für mich, ich speicherte sie in Dankbarkeit in Herz und Hirn. Und oft ging ich in Glauchau an Großvaters Grab und sagte innerlich »Danke«. Jetzt hätte ich viel zu erzählen gehabt, ihm, dem Dampflokführer von Format. Aber sicher schlief er ganz tief, konnte mir nicht mehr zuhören.

Heute erinnert an Richard Richter kein Grabhügel mehr. Die Liegezeit war in den achtziger Jahren abgelaufen. Doch geblieben sind der Nachwelt seine Erlebnisse. Und wir, die ihn kannten, erinnern uns noch heute stets an ihn, wenn wir einen Hammer zur Hand nehmen. Denn der Hammer war, wenn man so will, sein Symbol, wie es überhaupt zum Symbol für die Eisenbahner der Dampflokzeit geworden ist.

Mit dem Hammer in der Hand begann einst Richard Richters Schlosserlehre, mit dem Hammer befreite er mich einst aus dem eiskalten Tender, mit dem Hammer zerklopfte er große Kohleklumpen auf der Lok. Hammerschläge auf die Radreifen sagten ihm, ob sie richtig saßen und nicht etwa lose waren, mit dem Hammer klopften er und seine Kollegen im Winter 1931 in Adorf die vereisten Spurrillen, Weichenzungen, Signaldrähte und Seilzüge frei, damit die Eisenbahn fahren konnte. Mit dem Hammer klopfte er mehr als einmal die Sandfallrohre seiner Lok frei und ohne den Hammer wäre er womöglich damals in der Rauchkammer nicht mehr frei gekommen.

Großvaters Häuschen steht noch immer, und was das Schönste ist: meine Familie kann die Wohnung der Großeltern noch immer betreten. Denn dort zog eine Familie ein, die das Haus mit hohem handwerklichen Können in seiner

Schönheit erhielten. Sogar die große Standuhr meiner Großeltern gibt es noch, und sie steht und schlägt nun genau dort, wo sie in den dreißiger Jahren schon stand. Sie ist ein Stück lebendiges Dankeschön an das Haus mit den schönen Geschichten für mich, und an die Familie, die es nun hegt und pflegt. Besser hätte es gar nicht kommen können, und wenn ich heute dort verweile, dann kommt es mir so vor, als müßte ich mit dem Großvater gleich den Umfang eines Apfels messen. Sie wissen doch, dann hatte er eine Geschichte.

Danke, mein königlich-sächsischer Dampflokführer, Du warst ein schönes Stück bewegtes Leben.